흥미로운

우리 옷 만들기

설경 백영자 · 최해율 공저

교학연구사

흥미로운 우리옷 만들기

2004년 11월 25일 초판 인쇄
2004년 11월 30일 초판 발행

저   자   백영자 · 최해율 공저
발행인   양 철 문
발행처   교학연구사
　　　　서울특별시 마포구 공덕동 105-67
　　　　전화 (02) 717-3554(영업부)
　　　　　　(02) 703-1140(편집부)
　　　　FAX (02) 717-3567
　　　　등록번호 제10-17호(1980.4.14)

정가 18,000원
ISBN 89-354-0352-0 93590

머 리 말

현재 우리 복식문화가 서 있는 위치는 이미 표면적으로 수용한 서양복식문화와 잠재적으로 지니고 있는 전통복식문화를 어떻게 융합시켜 제3의 개성있는 복식문화를 꽃피울 수 있는지를 가늠해야 할 단계이다. 이러한 제3의 한국복식문화의 발전을 위하여 그동안 소홀했던 기능적 기초작업인 전통봉제에 대한 이해가 필요하다. 그러므로 이 책은 전통봉제를 현재에 맞게 되살림으로써 미래의 복식문화를 재창조할 수 있는 기능적 밑거름이 되는 것을 목적으로 집필되었다.

21세기는 첨단매체가 적극 활용되는 정보사회이다. 따라서 인쇄매체인 봉제교재에도 개혁이 필요하다고 생각되어 봉제구성방법에 실물을 보는듯한 천연색 제도법과 봉제법을 활용함으로써 누구든지 쉽게 실기교육 및 학습을 할 수 있도록 시도하였다. 또한 패턴과 구성방법은 CAD system을 활용함으로써 패턴의 정확도와 산업화가 이루어질 수 있도록 하였다.

이 책의 내용은 다음과 같이 구성되어 있다.
(1) 현재는 패션산업과 연계하기 위한 창의적 디자인개발이 요구되는 시기이다. 그러므로 전통복식을 재창조하기 위한 안목을 길러주기 위해 우리옷의 뿌리를 조명하고 시대별에 따른 미적 특성을 분석하였다. 그리고 우리옷의 현대와의 조화와 전통복식의 세계화를 위한 구체적 방안을 제시하였다. 또한 우리옷의 멋과 맵시를 살리는 옷차림을 다루었다.
(2) 우리옷의 제작에 필요한 가장 기본적인 품목을 선별하여 제시하였다. 구성방법은 재래식 방법과 현재 시중에서 쓰이는 방법 등을 절충하여 산업사회에 맞도록 하였다.
(3) 실생활과 연계되는 패션으로서의 한복을 위해 '우리옷의 새로운 디자인' 장을 넣어 우리옷을 용도에 따라 변형시킨 예를 제시하였다. 이는 우리옷을 현대와 조화시키고 과거의 전통미와 고유의 멋을 유지하면서 현재와 미래에 폭넓게 활용할 수 있도록 하는 실험적 예시이다.

돌이켜보면 70년대 초부터 황무지에 가까웠던 우리옷의 역사 및 봉제 그리고 그 당시 거의 인식이 없었던 패션한복을 다루는 졸업작품발표회 지도 등 30여년 세월을 한국 전통복식연구 및 교육에 종사했다. 그간의 교육경험과 연구를 토대로 봉제법에 관한 저서가 빛을 보게 되어 감회가 매우 깊다.

이 책의 근간이 된 책은 본인이 주집필자인 개발위원장이 되어 개발했던 교육부 1종도서인 종합실습, 한국의복구성실습, 한국의복구성이다. 이들을 위해 다년간 심의위원, 연구위원을 맡아 의견을 내주신 교육부관계자, 교사, 교수 여러분께 이 기회를 빌어 감사드린다.

끝으로 이 책을 출간하는 데 노력을 아끼지 않은 교학연구사 여러분과 사장님께도 감사드린다. 또한 항상 물심양면으로 도움을 아끼지 않았던 최영옥님과 상윤에게 이 책을 바치고 싶다.

2004. 5. 10
저자 일동

차 례

I 우리옷의 역사

II 우리옷의 미적 특성

V 우리옷의 새로운 디자인

채염한복

■ 야회용 채염한복(1974) (디자인 : 백영자)

■ 제10회 동아공예대전 "우리옷" 입상(1976)
　(디자인 : 백영자)

■ 미국 목화아가씨 초청 패션쇼(1976)
　(디자인 : 백영자)

■ 야외용 채염한복(1975) (디자인 : 백영자)

■ 실크스크린염 통학복(1975) (디자인 : 백영자)

■ 홀치기염 한복(1975) (디자인 : 백영자)

■ 종이로 만든 한복(1975) (디자인 : 백영자)

■ 채염한복(1975) (디자인 : 백영자)

어린이 의례복(돌복)

■ 사규삼을 입고 복건을 쓴 남아와 오방장 두루마기를 입고 굴레를 쓴 여아(세종대학교 지도 : 손경자)

■ 돌띠

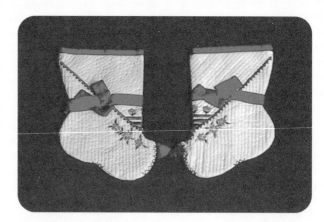

■ 타래버선

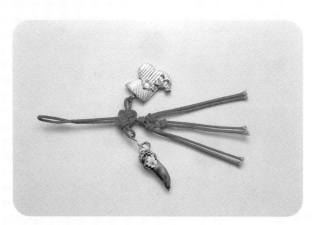

■ 애기노리개

■ 두루주머니(오방낭자)(김희진소장)

■ 오방장 두루마기

■ 굴레(앞)

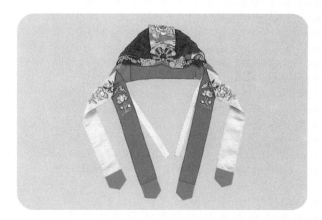

■ 굴레(뒤)

■ 호건

■ 조바위

혼례복

■ 활옷

■ 원삼

■ 화관, 족두리

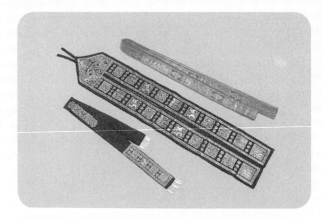

■ 앞댕기, 도투리댕기, 띠

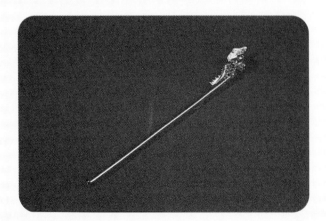

■ 비녀

■ 투호 삼작 노리개

I. 우리옷의 역사

삼국시대는 우리나라 고유문화 형성기로서 의복의 기본형은 바지, 저고리, 치마, 포, 관모, 신, 장신구로 구성되어 있다.

이들 기본형은 당의 복식문화가 가미된 통일신라를 거쳐서 직물 염체가 화려했던 고려시대, 전통문화의 결집기인 조선 시대에 이르기까지 분화 발전되어 왔다.

그리고 개항기 이후 서양문물이 다시 우리옷에 영향을 주면서 현재까지 이어져 내려온 것으로 이들 복식문화의 변천 역사를 이해하는 것은 우리옷을 현대 패션에 응용하는 데에 반드시 필요한 요소이다.

1. 고유문화 형성기인 삼국시대 의복의 기본형

1) 삼국시대 의복의 기본형

삼국시대 복식의 의복 구성은 대체로 유(襦), 고(袴), 상(裳), 포(袍)를 중심으로 하고 관모(冠帽), 대(帶), 이(履)가 더해진다. 상의에는 유(襦 : 저고리), 하의에는 고(袴)와 상(裳)을 입고, 머리에는 관모를 쓰며, 허리에 대(帶)를 두르고, 말에 이(履)를 착용하면 의복의 형태는 갖추어진다. 그 위에 포(袍)는 유(襦)와 고(袴) 또는 유와 상 위에 덧입는 것으로서 의례용으로나 방한용으로 입었다(그림 Ⅰ-1).

(1) 유(襦)

유의 길이는 엉덩이 선까지 오고 소매는 좁은 통형이며, 곧은 깃에 여밈이 겹쳐지는 모양이다. 허리에는 띠를 매어 고정하였고, 깃, 도련, 소매끝은 저고리바탕색과 다른 색상의 천으로 선(襈)을 두르고 있다.

이러한 저고리의 기본형은 남녀가 같으며 고구려, 백제, 신라 삼국이 모두 같은 형으로 입었다.

1. 관모(冠帽 : 모자)
2. 유(襦 : 저고리)
3. 대(帶 : 허리띠)
4. 고(袴 : 바지)
5. 군·상(裙·裳 : 치마)
6. 포(袍 : 두루마기)
7. 이(履 : 신)
8. 당(金當 : 귀고리)
9. 영주(瓔珠 : 목걸이)
10. 선(襈)
11. 영주철의(瓔珠綴衣)
12. 조영(組瓔)

그림 Ⅰ-1. 조선상고시대 복식의 기본구성〈조선복식고〉

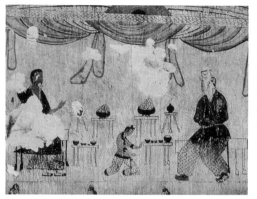

그림 Ⅰ-2. 손님을 접대하는 주인과
하인의 고(袴)〈무용총〉

그림 Ⅰ-3.
노인우라
출토바지

(2) 고(袴)

고는 남녀의 기본 복식으로 오늘날의 바지를 나타내며, 용도에 따라서 그 통과 길이에 변화가 있다. 고의 종류에는 밑이 막힌 궁고(窮袴), 통이 좁은 세고(細袴), 통이 넓은 대구고(大口袴)가 있다.

이러한 바지는 남녀가 공통으로 입었으며, 저고리와 같이 활동적이고 방한에 좋아서 실용적인 복식 형태라고 볼 수 있다(그림 Ⅰ-2).

(3) 상(裳)

고구려 고분 벽화 여인도에 나타난 상은 일반적으로 길이가 길고 폭이 넓어 땅에 끌릴 정도였으며, 허리에 치맛단 끝까지 잔주름이 고르게 잡혀 있었다. 치맛단에는 선(襈)을 두르기도 한다(그림 Ⅰ-4).

그림 Ⅰ-4. 고구려 부인의 유(襦와 군(裙)〈쌍영총〉

그림 Ⅰ-5. 조우관(鳥羽冠)〈무용총〉

(4) 포(袍)

포는 겉에 입는 옷으로 유(襦), 고(袴)의 위에 착용하였다. 상고시대 사회에서는 왕 이하 평민에 이르기까지 보편적인 의복이었다. 또한, 삼국에 모두 통용되었고, 기본적인 포의 형태는 저고리와 마찬가지이며, 다만 길이가 더 길었다.

포는 방한의 목적도 있었지만 의례적인 의의가 더욱 크므로, 상고시대의 복식은 역시 저고리와 바지가 기본적 복식이고 포는 부수적인 복식이라고 할 수 있다(그림 Ⅰ-5).

그림 Ⅰ-6. 절풍〈무용총 접견도〉

그림 Ⅰ-7. 조우관, 바지
〈쌍영총 기마도〉

(5) 관모(冠帽)

고유 형태의 기본형은 고깔모자인 변형(弁形) 관모로 우리 민족의 가장 오래되고 소박한 두식(頭飾)이다.

기록과 벽화에 나타나 있는 관모는 책(幘), 절풍(折風), 조우관(鳥羽冠), 입(笠), 나관(羅冠), 건(巾), 건귁(巾幗) 등이 있다.

대부분의 관모들은 금관을 제외하고 고구려의 고분 벽화에 의해 알 수 있는데 조우식(鳥羽飾)의 풍속, 변형(弁形)의 절풍(折風)이라든가 부인들의 건귁 등이 있고 이들 역시 삼국에 공통된 흔적을 볼 수 있다.

삼국은 서로 보편성을 지닌 민족 문화를 꽃피웠기 때문에 관모 역시 비슷한 양상이었다(그림 Ⅰ-5, Ⅰ-6, Ⅰ-7).

(6) 대(帶)

대는 유(襦)나 포(袍)를 여미는 데 필요한 것으로 가죽이나 포백(布帛: 비단옷감)이 대의 원형으로 생각되며, 발달된 형으로 과대(銙帶)가 있다.

포백대(布帛帶)는 주로 나(羅), 능(綾), 견(絹)을 사용하고 그 위에 금은사(金銀絲), 공작미(孔雀尾), 비취모(翡翠毛), 수(繡) 등의 장식을 하였으며 금은 과대(金銀銙帶)와 함께 미와 화려함을 다투게 되었다. 포백대는 연복용, 평민용, 여인용으로 널리 사용되었다.

(7) 이(履)

화(靴)는 목이 긴 신으로 방한과 방침에 적당하여 북방민족이 많이 신었던 것이고, 이(履)는 운두가 낮은 신으로 남방 민족의 신이면서 신발의 총칭이기도 하다(그림 Ⅰ-8).

우리나라에서는 지리적 조건으로 보아 오래 전부터 두 종류의 신이 혼용되어 왔기 때문에 어떤 형태가 먼저 생긴 것인가는 속단하기 어렵다. 그러나 우리의 복식이 북방 호복계통이므로 우리 고유의 신은 목이 긴 화(靴)일 것으로 생각된다(그림 Ⅰ-9).

그림 Ⅰ-8. 이(履)〈무용총 무용도〉

그림 Ⅰ-9. 화(靴)를 신고 있는 주인과 세 부인
〈매산리 사신총〉

(8) 선(襈)

이 시대의 매우 중요한 장식미의 하나로서 선(襈) 장식을 들 수 있다. 이는 저고리와 치마, 두루마기 등의 소맷부리, 깃, 도련에 다른 천을 덧붙여 장식한 것을 말한다.

(9) 장신구

삼국시대의 몸치장은 특히 신라의 고분에서 출토되는 많은 유물에서 살펴볼 수 있다. 금관을 비롯하여 귀고리, 목걸이, 팔찌, 반지, 과대(銙帶 : 허리띠의 일종)와 요패(腰佩: 과대에 매다는 여러가지 장식물) 등에서 찬란하게 꽃핀 금속 공예와 옥을 장신구에 사용하는 풍습을 볼 수 있다(그림 Ⅰ-10).

특히 우리나라 상고시대의 황금 세공은 세계적으로 유명하다. 디자인과 제작 기술이 고도로 발달되었고, 그 출토되는 양도 많으며, 그 중에서도 귀고리는 가

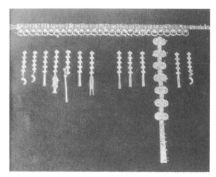

그림 Ⅰ-10. 신라의 과대와 요패
〈천마총 출토, 국립경주박물관소장〉

그림 Ⅰ-11. 금제이식(金製耳飾)
〈백제 무령왕릉 출토〉

1. 고유문화 형성기인 삼국시대 의복의 기본형　19

장 아름답고 정교하게 만들어져 섬세하고 우아한 맛을 자아내어 세계 귀고리 문화의 중심이다(그림 Ⅰ-11). 또 금관은 움직일 때마다 금색의 영락(瓔珞 : 구슬을 꿴 장식품)과 푸른색의 곡옥(曲玉)이 색의 조화를 이루며 영락이 떨리는 동적인 아름다움을 펼치는 장려한 관모였다(그림 Ⅰ-12).

그림 Ⅰ-12. 신라 금관
〈국립 경주 박물관〉

2) 삼국시대 의복의 특성

상고시대 복식은 그 구조적인 것을 살펴볼 때 무풍적 특질이 나타나는 것을 알 수 있다. 당시의 복식에서 무풍적인 요소를 살펴보면 다음과 같다.

삼국이 모두 사용한 삼각 형태인 변상관모(弁狀冠帽)는 끈이 달려 있으며, 여기에 새깃을 꽂아 전투모로서 사용하였다.

유(襦)는 길이가 길고 직령교임제(直領交任制)로서 소매는 좁고 허리에 대(帶)를 매어 간편하게 무기를 패용(佩用)하는 데 사용하였다.

고(袴)는 가랑이가 따로 떨어져 있는 것으로 동작이 매우 자유로워 말을 타는 데에도 불편함이 없었다.

고 밑에는 목이 긴 신발인 화(靴)를 신어 산야를 달리는 데 편리하고, 활동적이며 전투적이었다.

평화시에는 여기에 장식을 더함으로써 능률적인 요구에 알맞았다.

고구려, 백제, 신라는 문화적으로 동질적인 요소가 많았다. 고구려 벽화에 나타난 활동적이고 기능적인 옷치레와 신라의 독창적이고 화려한 금속 공예의 몸치레, 거기에다 기혼녀와 미혼녀의 구별이 있는 백제의 엄격한 사회 윤리 관념을 종합해 보면, 삼국시대의 복식은 기능성에 중점을 둔 군복 스타일이었으며, 필요에 따라 장식을 더해 아름다움을 충족시킬 수 있는 능률적인 복식이었다.

2. 외래문물이 가미된 통일신라시대의 의복

그림 Ⅰ-13. 토용(土俑):저고리 위에 치마 입고
표를 두른 여인상(女人像)
〈통일신라경주 용강동 석실 고분 출토,
문화재 연구소 보관〉

삼국시대까지의 복식이 고유복식 형성기라고 말할 수 있다면, 통일신라는 외국 문물(唐)의 수입에 적극적이었다. 따라서 통일신라시대에는 삼국시대에 없었던 새로운 복식이 등장하는데, 관모로는 복두(幞頭), 의복(衣服)으로는 단령(團領), 반비(半臂), 배당(褙襠) 그리고 표(裱)이다(그림 Ⅰ-13).

복두는 진골에서 평민에 이르기까지 신분의 귀천없이 모두 썼다(그림 Ⅰ-14). 이것은 고려 중기까지 왕으로부터 문무백관에 이르기까지 상용 관모로 사용되었고, 조선시대에 와서는 백관의 공복(公腹)에 착용하는 관모가 되었다.

단령은 중국의 의복이 아닌 기마 유목 민족의 호복(胡服)으로, 남북조 시대에 중국인이 채용하여 주변제국에서는 중국옷으로 알려졌다. 이 의복을 우리나라가 수용한 것은 신라 28대 진덕여왕 때였으며 청사관복(請賜冠服)의 형식으로 중국의 제도를 도입하여 조선시대까지 계속되었다.

반비(半臂)의 소매길이는 반소매에서 소매없는 길이까지이며 옷길이는 다양한 길이로 조선시대의 전복(戰服), 배자(背子) 등으로 분화하였다.

배당(褙襠)은 어떤 제도의 옷인지 자세히 할 수 없으나 배자와 양당(裲襠)의 합성어로 보인다. 이는 소매 있는 배자의 조형으로 보이는 여인 전용의 화려한 의복이다.

그림 Ⅰ-14. 토용(土俑):복두를 쓰고 단령을 입은 남자상(男子像)
〈통일신라 경주 용강동 석실 고분 출토, 문화재 연구소 보관〉

표(裱)는 당나라 복식 제도에서 나온 영포(領布)를 말한다(그림 Ⅰ-15). 이 영포는 여인들이 목 뒤에서 가슴 앞으로 길게 드리운 것인데, 이것은 일종의 목도리로서 신라에서의 표도 영포제도에서 유래된 것으로 볼 수 있다.

결과적으로 통일 신라시대의 복식은 기본적으로 호복 계통인 고유 복식의 구조 위에 문화 교류를 통한 새로운 당 제도의 일부가 융합되어 독자적으로 분화 발전된 민족 복식을 이루었다.

그림 Ⅰ-15. 영포(領布) : 당

3. 직물 염채가 화려한 고려시대의 의복

고려는 개국 초에는 문물제도의 많은 부분을 신라의 구제도에 따랐기 때문에 고려의 복식제도, 통일 신라의 제도를 계승한 것이며, 일부 중국의 제도가 가미되었다. 고려시대는 삼국시대와 마찬가지로 서민층에 의해 우리나라 고유의 복식이 삼국시대 이래 큰 변화없이 유지되어 왔다.

고려시대의 복식에 대한 자료로는 고려사(高麗史), 고려도경(高麗圖經)의 문헌과 문수사 반비를 비롯한 불복장 유물, 수락암동 벽화, 고려불화 등이 있다.

그림 Ⅰ-16. 요선철릭〈해인사〉

1) 남자 복식

고려 말기의 불복장 중 고려 남자의 편복(便服) 유물을 살펴보면, 포의 종류로는 요선철릭(腰線帖裏), 답호(搭胡), 직령포(直領袍) 등이 있고(그림 Ⅰ-16), 의(衣) 종류로는 자의(紫衣), 중의(中衣), 소매가 긴 장수의(長袖衣)와 초한삼(綃汗衫) 등이 있다(그림 Ⅰ-17).

이것들은 대부분 하급관리 계층의 편복으로 보이는 의복들인데 이들 편복은 결국 고려시대의 관직자들이 평상시 입는 의복일 뿐만 아니라. 관직에 나가지 않은 사인(士人)들의 의복도 여기에 해당된다.

고려도경에 왕이 평상시에는 조건(早巾)에 백저포(白紵袍)를 입어 서민(庶民)과 다를 바 없다고 하였다(그림 Ⅰ-18). 그러므로 불복장 유물에서 나온 포의 종류들은 고려도경에 나온 왕과 백성이 모두 차이 없이 입었던 고려시대의 백저포 형태를 짐작하게 해준다.

그 밖에 불화에서도 여러 계층의 등장 인물들이 입은 화려하고 찬란한 옷에서 당시의 복식과 생활용품을 알 수 있다.

그림 Ⅰ-17. 자의〈온양민속박물관〉

그림 Ⅰ-18. 백저포:문수사

2) 여자 복식

고려 전기에는 통일신라의 복식 제도를 그대로 계승한 것이며, 후기인 원의 간섭기에 들어가서는 원과의 국혼 관계로 말미암아 몽골풍이 많이 들어오게 되었다. 고려시대 귀부인들의 복식은 유(襦), 상(裳), 고(袴)를 입고 그 위에 포(袍)를 입었는데, 이는 백저포로 남자들의 포화 비슷한 것이었다. 또한, 여자의 허리띠인 감람늑건(橄欖勒巾)에는 5색이 매듭끈으로 금방울을 매달았으며, 또 사향 같은 향료를 넣은 비단주머니를 찼다. 그리고 백저의(白紵衣), 황색치마를 상하부녀의 평상복으로 착용하였다.

왕비복은 초기에 대홍의(大紅衣)이었는데 말기에는 명(明)의 명부복인 적의(翟衣)로 대치되었다(그림 Ⅰ-19).

그림 Ⅰ-19. 왕비와 시녀, 관경서분변상도〈일본 西福寺소장〉

4. 전통문화 결집기인 조선시대의 의복

조선은 건국한 이래 유교를 사회적 윤리 바탕으로 삼았고, 이를 기본으로 한 봉건적 성격이 짙은 중앙집권 사회였다. 조선의 신분 계층은 크게 귀족(왕족과 외척), 사대부(양반), 중인(기술직 실무자), 서민(양민과 천민)으로 구성되었다.

1) 조선시대 의복의 기본형

(1) 저고리

조선시대의 저고리 원형은 상고시대의 저고리 원형 그대로가 전해져 내려옴으로써 그 유구한 전통성을 나타내주고 있다.

조선시대 여자 저고리의 시대에 따른 변천을 보면, 저고리의 길이가 길던 것이 연대가 내려올수록 그 길이가 짧아졌다(그림 Ⅰ-20).

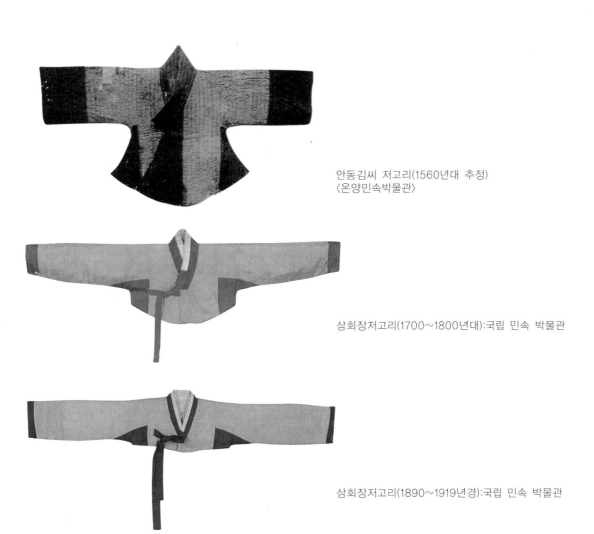

안동김씨 저고리(1560년대 추정)
〈온양민속박물관〉

삼회장저고리(1700~1800년대):국립 민속 박물관

삼회장저고리(1890~1919년경):국립 민속 박물관

그림 Ⅰ-20. 조선시대 삼회장저고리의 변천

(2) 바지

한국 바지의 고유형은 오늘날의 양복바지와 같이 통이 좁아 활동적이었으나, 차츰 상류층의 바지가 통이 넓은 형태로 변화하게 되었다. 또한, 조선시대에 와서는 이 바지가 일반화되어 주로 상류층에서는 포(袍)류 밑에 받쳐 입었고 노동하는 서민들이나 천민들은 바지, 저고리와 맨 상투차림으로 일했다고 보는데 고유형의 바지인 통이 좁은 바지, 잠방이 등이 이들에 의해 계승되었다. 또한, 상고시대 겉에 입었던 여인의 바지는 치마속에 입는 속곳으로 변하게 되었다.

(3) 치마

조선시대 유물을 중심으로 양반 계급이 착용하던 겉치마에 대하여 살펴보면 초기에는 저고리 길이가 길어서 치마 길이가 짧았고, 후기에 접어들면서 저고리 길이가 짧아지면서 차차 치마 길이가 길어짐을 알 수 있다. 또한 조선시대에는 하후상박(下厚上薄)의 형태로 하의에 속한 속옷들이 많다. 여자의 상의에 관한 속옷 구조로는 속저고리, 속적삼, 가리개용 허리띠 등이 있으며, 하의로는 부지기, 대슘치마, 너른바지, 단속곳, 고쟁이, 속속곳, 다리속곳 등이 있다.

(4) 포

조선시대에는 엄격한 신분사회로 품계에 따라 관복제도가 있고, 편복인 평상 예복은 왕, 사대부 간에 차이가 없었다.

일상에서도 예의와 절제를 중시하는 유교 문화속에서 포는 조선남자 평상 예복의 중심이 되었다. 초기에는 양반층 위주로 착용되어 발달하였으나, 임진왜란 이후 복식 질서 또한 흔들리면서 서민층에서도 점차 포의 사용이 늘어났고, 이와 아울러 세부의 모양 차이와 포의 종류도 다양해졌다.

포의 종류에는 철릭, 도포, 심의, 중치막, 소창의, 학창의, 두루마기(周衣) 등이 있다(그림 Ⅰ-21).

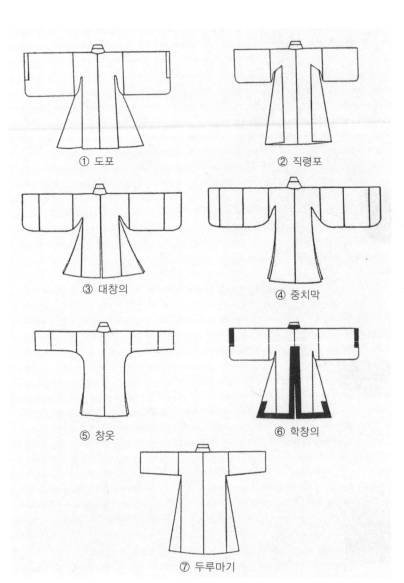

① 도포   ② 직령포
③ 대창의   ④ 중치막
⑤ 창옷   ⑥ 학창의
⑦ 두루마기

그림 Ⅰ-21. 조선 시대의 포류〈창덕궁 유물 실측도〉

(5) 관모

관모는 관(冠), 입(笠), 건(巾)으로 대별된다. 입은 방립(方笠)에서 점점 발달
한 패랭이가 있는데, 이것은 방립의 형태에서 대우(모)와 양태(챙)의 구분이 있
는 것으로 패랭리라고도 한다.

초립(草笠)은 패랭이를 거쳐서 흑립(黑笠)으로 옮겨가는 중간단계의 모(帽)
로, 그 형태는 패랭이와 비슷하지만 대우와 양태의 구분이 더 명확하다. 이것은
흑립이 생기면서 상인(常人)의 쓰개가 되었다.

흑립(黑笠)은 입제(笠制)에서 마지막에 정립된 모(帽)로 '갓'을 지칭한다. 흑
립은 양반계급의 전유물로 재료에 따라 귀천의 구별이 있었다(그림 Ⅰ-22).

그림 Ⅰ-22. 초립·백립·흑립, 19세기말~20세기초
〈이화여자대학교박물관〉

관제(冠制)에도 정자관(程子冠), 충정관(冲正冠), 동파관(東坡冠), 사방관(四
方冠) 등이 있었는데, 이 중에서 널리 착용된 것은 정자관이다. 이 정자관은 유
학자들이 즐겨 사용한 것으로 두 겹이나 세 겹을 쓰고 있다.

또한 유생들이 즐겨 쓰던 것에는 유건(儒巾), 복건(幞巾)이 있다.

그림 Ⅰ-23. 하후상박
(치마저고리)
〈온양민속박물관〉

그림 Ⅰ-24. 정자관
〈온양민속박물관〉

그림 Ⅰ-25. 유건〈풍속화〉
〈국립중앙박물관〉

(6) 장신구

조선 여인들의 몸치레는 패물(佩物), 이식(耳飾), 지환(指環), 수식(首飾) 등이 있다. 패물은 사람 몸에 차는 장식물로 노리개와 주머니를 들 수 있다. 노리개는 궁중, 상류계급에서 평민에 이르기까지 여성들에게 애용되어 온 것으로 계절, 재료, 크기에 따라 패용 위치나 사용법이 달랐다(그림 Ⅰ-26).

주머니는 삼국시대부터 있던 것으로 우리 의복에 주머니가 없으므로 실용적인 면에서 만들어 차게 된 것이 장식화되는 한편, 만복을 기원하는 상징물이기도 하였다.

머리에 따르는 수식(首飾)의 종류로는 화관, 족두리, 비녀와 뒤꽂이가 있었고, 상류층에서만 사용되었던 첩지, 떨잠, 댕기 등이 있었다.

그림 Ⅰ-26. 대삼작 노리개:국립 민속 박물관 소장

(7) 신

조선시대에 들어와서는 신발의 종류가 매우 다양화되었다. 화로는 흑피화(黑皮靴), 목화(木靴)가 있고, 혜에는 흑피혜(黑皮鞋), 분투혜(分套鞋), 태사혜(太史鞋), 당혜(唐鞋), 운혜(雲鞋), 발막신, 진신이 있었다.

또 초·마제(草·麻製)는 이(履)에 속하는 것으로 서민 남녀에게 일반적으로 사용되었고, 정제품(精製品)은 사대부의 편복에 사용되기도 하였다.

2) 조선시대의 의례복

조선시대에는 엄격한 신분사회로 품계에 따른 관복 제도가 있었다.

(1) 관복

① 왕복

왕복에는 제복(祭服), 조복(朝服), 상복(常服), 융복(戎服), 편복(便服)이 있다.

제복은 종묘, 사직에 제사할 때와 가례시에 착용하는 군왕의 상징적인 의복으로, 면류관(冕旒冠)과 곤복(袞服)으로 구성되어 있으며 면복(冕服)이라고 한다(그림 1-27).

조복은 왕이 백관과 사민(士民)을 접견할 때, 착용한 옷으로 원유관(遠遊冠)과 강사포(絳紗袍)로 구성되어 있다.

상복은 왕이 평상시에 입는 옷으로, 익선관(翼善冠)에 곤룡포(袞龍袍)를 입었으며 곤룡포의 가슴, 등, 양 어깨에는 금사로 수놓은 용무늬(五爪圓龍)의 보(補)를 달았다(그림 Ⅰ-27).

이 밖에 국난시에는 간편한 융복(戎服)을 입었고, 연거시(燕居時)에는 편복으로 사인복(士人服)과 같은 옷을 입었다.

그림 Ⅰ-27. 왕의 면복(순종 어진)

그림 Ⅰ-28. 백관의 조복(흥선 대원군)
〈국립중앙박물관〉

② 백관복(百官服)

백관의 조복으로는 금관(金冠)에 적초의(赤綃衣)를 입었고, 제복은 제관(濟冠)에 청초의(靑綃衣)를 입었다. 공복(公服)으로는 복두(幞頭)에 단령(團領)을 입고, 상복으로는 사모(紗帽)에 흉배(胸背)를 부착한 단령을 입었다.

이 단령은 서민층의 혼례복으로 허용되었다.

(2) 여자의 의례복

여자의 의례복은 궁중을 중심으로 하여 생겨나고 그것이 외명부에게 적용되고 다시 사대부가와 민가에까지 전파되었다.

조선시대 여인의 의례복포에는 왕비의 대례복인 적의가 있고, 원삼, 활옷, 당의 등이 있다.

원삼(圓衫)은 통일신라 시대 이후 조선시대까지 여자의 예복으로 착용되었으며, 오랜 시일이 경과하는 동안 국속화되어 조선후기 이후에 대수(大袖)에 속하는 것들이 이 원삼 한 가지로 집약되었다. 궁중예복 원삼으로는 황후의 황원삼, 비빈의 자적원삼, 공주, 옹주의 초록원삼이 있었고, 반가녀복으로는 초록원삼이 있었다. 이 초록원삼은 서민층의 혼례용으로 사용이 허용되었다. 계급에 따라서 황원삼에는 용문(龍紋), 홍·자적원삼에는 봉문(鳳紋), 초록원삼에는 화문(花紋)을 하였으며, 신분에 맞게 보와 흉배를 달기도 하였다.

활옷은 상류계급에서 입었던 예복으로 나중에 서민층에서도 혼례 때 입을 수 있게 되었다. 다홍색 비단 바탕에 장수(長壽)와 길복(吉福)을 의미하는 수를 놓았고, 수구에 한삼을 달았으며 대대를 띠었다.

당의는 소례복으로 쓰인 도련 자락의 곡선이 아름다운 예복이다(그림 Ⅰ-29, Ⅰ-30).

그림 Ⅰ-29. 조선시대 말기의 당의(영친왕비)

그림 Ⅰ-30. 적의(영친왕비)

5. 개항기(갑오개혁) 이후의 의복

1) 남자의 복식 변화

남자의 복식 변화를 살펴보면 다음과 같다.

첫째, 의복제도의 개혁에 의한 관복의 변천을 들 수 있다. 1884년 갑신 의제 개혁을 보면, 관복으로는 흑단령(黑團領)을 입게 하였는데 넓은 소매였던 것을 좁은 소매로 하였다. 1894년 갑오의제 개혁에서는 입절할 때에는 통상복으로 흑색의 주의에 답호를 입게 하였다. 또한, 을미개혁에서는 공사예복에 주의만 입게 하여 관복은 더 이상 간소화할 수 없을 만큼 변했다.

둘째, 사복의 변천에는 1884년 도포 등과 같은 소매넓은 포가 소매좁은 포인 두루마기로 변하여 관민의 차별없이 모두 사복으로 두루마기가 정착하게 되었다. 그리하여 관복과 사복에 모두 두루마기를 입게 되어 이때부터 우리의 포제(袍制)는 두루마기로 통일이 되었다.

셋째, 양복의 착용을 들 수 있는데, 1895년 육군 복장 규칙에 의하여 무관복인 구군복이 구미식 군복으로 바뀌었으며, 문관복에 있어서도 서양식 복장으로 변하였다. 드디어 1897년 외교관의 복장이 양복화되었고, 개화파 인사들에 의해 제복, 군복, 학생복, 관복이 먼저 변화하였다 (그림 Ⅰ-31).

또한, 단발령에 의해 강제적으로 상투머리를 자르게 한 후, 차츰 단발에 맞는 양복이 일반에게도 확산되어 1920년대 후반에는 서구 유행에 민감한 반응을 보이는 '모던보이'가 등장하였다. 이 당시 서구풍의 유행은 상하가 다른 세퍼레이트룩과 풍성한 실루엣의 볼드룩 스타일이었다.

그림 Ⅰ-31. 고종의 소례복
〈사진으로 보는 조선시대
생활과 풍속〉

2) 여자의 복식변화

그림 Ⅰ-32. 영친왕(1897~1970)의
생모 엄비

여자 복식의 변천은 한복의 개량과 양장의 착용을 들 수 있다. 여성의 사회진출로 장옷이나 쓰개치마 대용으로 쓰기도 하였다. 또한, 저고리는 길어지고, 치마는 짧아지면서 통치마가 등장하였고, 한복의 개량은 그 당시 신문의 계몽운동의 역할도 컸다.

양장의 착용은 서양 문물과 먼저 접할 수 있었던 고종의 비였던 엄비, 고관부인, 외교관 부인, 유학생들로부터 시작되었다(그림 Ⅰ-32).

이와 같이 전통복과 양복이 공존하던 1920년대에 모단(毛斷)걸이 등장하는데, 이는 머리를 짧게 자른 현대 여성의 의미를 가진다. 이들은 당시의 서구 유행이었던 보이시 스타일을 도입한 것이었다.

이렇듯 개항 이후의 혼란기를 거치면서 조선시대의 의복은 서구의 양복과 본래 전통복의 형태가 공존하였다. 또한, 8·15광복 이후 곧바로 일어난 6·25전쟁은 미국의 영향을 보다 강하게 받게 되는 계기가 되어, 서양식의 의복이 한국의 복식 생활에서 우위를 차지하게 되었다. 현재에는 생활 한복의 활성화를 통해 이러한 복식 생활의 패턴을 바꾸고자 하는 노력이 지속되고 있다.

Ⅱ. 우리옷의 미적 특성

우리의 옛 조상들은 생활을 영위해 나가면서 나름대로의 미의식을 살려 독창적인 복식미를 이루어 왔다. 상고시대 우리옷은 북방 알타이계통에서 출발한 것으로 기마생활에 적합한 의복이다. 따라서 말을 타고 호랑이 사냥하기에 적합했던 활동적인 바지저고리를 생각할 때 오늘날 한복 바지저고리는 불편하고 양복 바지저고리는 편하다고 생각하는 우리들을 반성하게 한다. 지금의 양복 바지저고리는 고대 북방 게르만종족의 복식이 기본일진대 이는 복식문화의 역수입일 수도 있지 않을까? 라는 의문을 제기할 수 있다.

1. 우리옷의 뿌리와 미적 특성의 시대적 흐름

1) 우리옷의 뿌리

우리나라의 옷이 중국계열이 아니라 바지나 저고리를 입는 '북방계 호복(胡服)'에서 출발하였다는 사실은 이미 상식으로 알려져 있다.

즉 한국인의 인종적 뿌리는 북방계 몽고인종에 관련되어 있으며, 언어학에서 본다면 알타이어계에 속한다. 한국민족이 형성되는 과정에서도 문화적으로 북방계와 밀접한 관계를 유지하고 있다.

또 시초에는 북방계 유목민족의 공통된 생활양식인 기마, 수렵생활을 하였을 것이며, 실제로 기원 전후의 한민족 역사의 발전에서 핵심적인 역할을 했던 북쪽의 부여계(고구려) 사람들은 호전적인 기질이 농후한 기마민족이었다. 따라서 말을 타고 사냥을 하기에 알맞는 좁은 소매의 저고리와 홀태바지를 입었는데 이것으로써 중국이나 남방계열의 상의하상(上衣下裳)식과는 다른 형태의 복식 문화가 발생한 것이다.

원래 복식은 기후와 풍토에 적응하여 생겨나게 마련이다. 이러한 것에 근거를 두고 우리 복식의 뿌리를 세계적인 관점에서 살펴보면 상당히 흥미로운 사실이 발견된다. 현재 몽골이나 티베트의 옷은 그 기본 양식이 확실이 우리와 비슷하다.(그림 Ⅱ-1)

또 몽골의 '노인우라'에서 발굴된 서기 1세기경의 유적에서는 상고시대에 우리나라 사람들이 입었던 옷과 같은 형태의 옷이 출토되었다.(그림 Ⅱ-2)

이 '노인우라' 유적은 흉노족의 문화유산으로 생각되는데, 여기서 나온 옷들은 당시 동북부 아시아 사람들 의복의 전형이라고 할 '호복(胡服)' 계통의 원초적인 형태로 여겨지고 있으며, 우리나라 복식의 원류를 살피는데 매우 중요한 기준이 된다.

이 북방계 양식의 옷은 남러시아에서 몽골, 동북아시아, 심지어는 일본에까지도 퍼져 있어 생각보다 넓게 분포되어 있음을 알 수 있다. 5세기에서 8세기까지

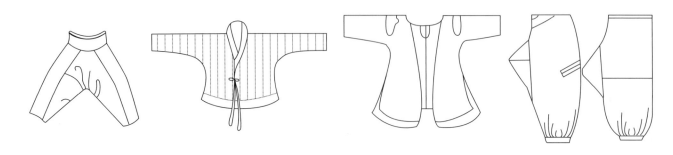

그림 Ⅱ-1. 몽골의 바지저고리   그림 Ⅱ-2. '노인우라' 출토의 바지저고리

의 일본의 복식은 우리 것과 거의 같아서 우리나라의 가야 사람들 내지는 비류 백제가 그곳에 건너가 지배층이 되었다고 보는 설이 유력하다. 그러므로 복식에 있어서 '북방계(北方系)'라는 칭호는 우리나라 북부지방과 몽골, 중국의 북부 지방만을 칭하는 것이 아님을 명백하다. 다만 이 지역들이 대체로 기마, 수렵, 유목생활을 했던 곳이어서 문화적 특성이 공통되므로 우리의 상대(上代) 복식 문화의 뿌리를 찾는 기준이 되고 있다.

이러한 여러 가지 상황을 감안해 볼 때 한국복식의 기본인 바지, 저고리는 북 방알타이계 복식에 속한다고 할 수 있겠고, 이를 중국의 왕국유(王國維)는 북방 계 호복이라고 지칭하였다.

2) 미적 특성의 시대적 흐름

복식은 그 기원에 관한 논의과정에서 보여지는 바와 같이 발생과 동시에 장식 적 계기로 인한 인간의 미적 활동이 주류를 이루고 있다. 그러므로 한국 민족정 신의 상징적인 표현이라고 할 수 있는 한국복식 문화의 미적 특성과 한국인 특유 의 미의식을 모색함은 한국복식의 전통미를 재발견할 수 있는 지름길일 것이다.

흔히들 한복의 아름다움을 예찬할 때 기와지붕의 처마끝같이 살풋 들린 섶코 라든가, 외씨같은 버선코, 우아한 배래의 곡선 등 선 자체의 미를 들곤 한다.

이러한 선들이 서로 조화를 이룰 때 단순해 보이면서도 은은하게 흐르는 우아 한 멋이 한복의 맵시를 나타내준다. 이러한 기본적인 한복의 아름다움 외에도 시 대에 따라 한복의 실루엣과 생활상에 따른 미의 기준이 매우 다름도 흥미롭다.

(1) 무풍적(武風的)인 기능미의 상대(삼국시대) 옷치레

삼국시대의 옷치레는 고구려 고분의 벽화에서 시각적으로 잘 알 수 있고, 몸 치레는 신라의 고분에서 출토된 수많은 유물들을 통해 당시의 찬란한 문화수준 을 알 수 있다. 고구려 벽화에 나타난 남자의 대표적인 옷차림은 바지와 저고리 를 입고 있는데 저고리 위에 허리띠를 매어 간단히 하고, 머리에는 수건이나 삼 각 형태의 고유의 '절'풍을 썼으며 장화처럼 생긴 목이 긴 신발을 신고 있다.

이러한 일상적인 옷차림은 상당히 활동적이어서 씩씩하고 호전적이었다는 그 들의 기질을 잘 나타내준다. 고구려 벽화의 남자들은 주로 이러한 차림에 말을 타고 달리면서 사냥을 하거나 의장구(儀仗具)를 들고 행렬에 나서고 있다(그림 Ⅱ-3).

고구려 여인들도 평상시에는 남자와 같은 저고리와 바지를 입었고 신발도 남 자의 것과 같은 형태의 것을 신었는데 의례(儀禮)가 있을 경우에는 바지 위에 치마를 덧입어 아름다움을 나타냈다.(그림 Ⅱ-4) 이처럼 여인의 옷차림이 남자 와 큰 차이가 없었다는 것은 당시 복식의 가장 중심적인 특징이 무풍적 활동성 이라는 사실을 증명해준다.

그리고 이 시대의 매우 중요한 장식미의 하나로서 선(襈) 장식을 들 수 있다. 이는 저고리와 치마, 두루마기 등의 소맷부리, 깃, 도련에 다른 천을 덧붙여대 서 장식한 것을 말한다. 쉽게 더러워지고, 헤지는 곳에 다른 색이나 무늬가 있 는 옷감을 댔기 때문에 실용적인 효과와 함께 독특한 장식 효과를 보여 주었다.

그림 II-3. 기마생활하는 모습(쌍영총)   그림 II-4. 바지, 치마, 포를 입은 고구려
                                                   여인(무용총)

옷을 좀 더 선명하고 아름답고 깨끗하게 보이도록 만들어 단정한 미적 감각을 풍기도록 한 것이다. 따라서 고구려 사람들의 복식미는 무풍적인 분위기가 있는 활동적이고 실용적인 아름다움, 선명하고 단정한 아름다움으로 요약할 수 있다.

　이러한 기능미는 사회상과 더불어 나타나는 복식의 중요한 문화적 기능 중의 하나이며 또한 미적 특성이기도 하다.

　한편, 삼국시대의 몸치레는 특히 신라의 고분에서 출토되는 많은 유물에서 살펴볼 수 있다. 금관을 비롯하여 귀걸이, 목걸이, 팔찌, 반지, 과대(허리띠의 일종)와 요패(腰佩, 과대에 매다는 여러 가지 장식물) 등에서 찬란하게 꽃핀 금속

그림 II-5. 고구려 귀부인의 복식(쌍영총)

공예와 옥을 장신구에 사용하는 식옥(飾玉) 풍습을 볼 수 있는 것이다.

특히 우리나라 상고시대의 황금세공은 세계적으로 유명하다. 디자인과 제작 기술이 고도로 발달되었고 출토되는 양도 많으며 그중에서도 귀걸이는 가장 아름답고 정교하게 만들어져 섬세하고 우아한 맛을 자아내어 가히 세계 귀걸이 문화의 중심이다. 또 금관은 움직일 때마다 금색의 영락(瓔珞, 구슬을 꿴 장식품)과 푸른색의 곡옥(曲玉)이 조화를 이루며 떨리는 동적인 아름다움을 펼치는 장려한 관모(冠帽)였다.

고구려, 백제, 신라는 문화적으로 동질적인 요소가 많았다. 그래서 우리는 세 나라의 풍습과 옷치레, 몸치레 등을 겹쳐 보며 이 시대의 복식문화를 파악할 수 있다. 고구려 벽화에 나타난 활동적이고 기능적인 옷치레와 신라의 독창적이고 화려한 금속공예의 몸치레, 거기에다 기혼녀와 미혼녀의 구별이 있는 백제의 엄격한 사회 윤리 관념을 종합해 보면 삼국시대의 복식은 기능성에 중점을 둔 군복 스타일의 복장이었으며, 필요에 따라 장식을 가하여 아름다움을 충족시킬 수 있는 능률적인 복식이었다는 것을 알 수 있어 선조들의 지혜로움을 다시 한번 깨닫게 된다.

(2) 표현미와 조형미가 뛰어난 근대(조선시대) 옷치레

내우외환이 많았던 고려는 통일신라의 복식을 계승하면서 고유복식 위에 중국의 관복을 겉옷으로 입게 된다. 여자의 경우는 폭이 넓고 긴 치마저고리를 상하계급 구별없이 입었다. 말엽에 가서 엉덩이를 덮던 저고리길이가 점차 짧아지기 시작했고 선 장식도 점차 없어져 조선시대의 복장으로 옮아가게 된다.

조선시대는 한국인 특유의 민족성을 반영시키며 전통적인 고유양식을 현재와 비슷한 형태의 복식으로 발전 정착시켰다.

그림 Ⅱ-6. 조반부인상(국립중앙박물관)

① 표현미

남존여비의 봉건적인 사회제도와 함께 조선 여인들의 정신 세계엔 유교적 의례인 요소와 무속(巫俗) 의례적인 요소가 혼합되어 있었다.

특히, 여인들의 마음 속에는 다산다남(多産多男)을 기원하는 무속이 뿌리 깊이 박혀 있었다. 그러므로 남존여비사상 속에서 맺히고 닫혀진 삶을 '풀이'하여 새로운 삶을 살려는 부단의 노력을 그들의 일상생활인 복식에도 반영하였다. 다남을 기원하는 길상(吉祥) 문양을 새긴 박쥐 노리개 등을 부적겸 장식으로 몸에 지니고 다닌 것이 표현성 표출의 대표적인 예이다.

유교의 영향으로 인한 현실주의, 자연주의가 복식에 나타나는 것, 역시 표현미의 한 예라고 할 수 있다. 현세에서 부귀와 장수를 누리고 자손이 번창하길 바라는 마음과 자연을 사랑하는 소박하고 꾸밈없는 마음의 복식이 곳곳에 나타나 있는 것이다. 활옷의 예를 들어 보자. 활옷은 혼례복의 하나로 화관을 갖추어 신부가 입는 것인데 문양이 매우 화려하고 아름답다. 다홍색 비단 바탕에 장수를 의미하는 십장생(十長生), 부귀를 뜻하는 모란꽃과 연꽃, 길상(吉祥)을 나타내는 만복지원(萬福之源) 등의 문자, 권세를 뜻하는 봉황 등에서 조선시대 사람들이 염원했던 바를 충분히 읽을 수 있다.

또 호탕한 풍류와 청렴결백, 의를 위하여는 추상같은 절개를 지녔던 선비의 지대는 예를 갖추어 의관을 정제하고 넓은 소매의 백색(옥색) 도포자락을 휘날리며, 표표히 자연 속으로 사라지는 뒷모습에서 자연과 합일하려 했던 조선남자의 멋을 느끼게 한다.

이들이야말로 인간의 내면을 외적으로 표현하는 복식의 중요한 문화적 기능으로서 표현미라는 중요한 미적 특성인 것이다.

그림 Ⅱ-7. 활옷문양

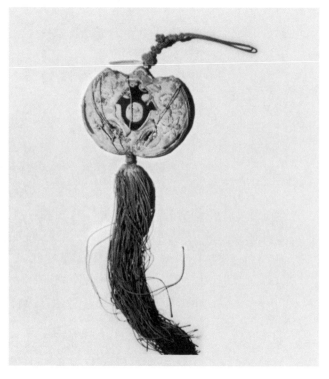

그림 Ⅱ-8. 박쥐노리개

② 조형미

숙종 때에 제작된 기사계첩(耆社契帖 : 1719)을 보면 당시 서민 여성의 복장이 재미있다.(그림 Ⅱ-9) 삼국시대의 긴 저고리보다는 짧고 현재의 저고리보다는 긴, 허리까지 오는 저고리의 모습을 확실히 보여주고 있다. 이는 요즘 출토되는 임진왜란 전후의 유의(遺衣)에 많이 보이는 솜저고리를 입은 듯한 모습이어서 흥미를 끈다.

혜원(惠園)이 그린 조선시대 말기의 풍속화에 나타난 여인의 모습은 매우 선정적이다. 저고리는 가슴을 가리기 어려울 정도로 짧으며 소매도 몸에 밀착된다. 따라서 상체는 지극히 작게 표현된 반면 하체는 겹겹이 풍성한 속곳을 껴입은 위에 폭이 넓고 긴 치마를 살짝 둘러 입음으로써 구름같이 얹은 머리나 삼단같이 땋아 내린 머리채와 함께 우아한 자태와 율동미를 충분히 나타내주고 있다.

긴 치마를 대청마루에서는 그대로 잘잘 끌리게 입었고 길을 다닐 때는 치마자락을 저고리 위까지 추켜 여밈으로써 주름져서 늘어지는 아름다움을 표현하였다. 이는 한복만이 지닐 수 있는 단순한 조형에서 우러나오는 아름다움이요, 다양하게 연출되는 율동미의 극치라 할 것이다. 외출할 때는 여기에다 쓰개치마나 장옷을 입어 감추면서 비밀스럽고 은근한 멋을 한껏 풍겼다.

이처럼 후대의 복식은 단순하고 소박한 형태이면서도 입는 방법에 따라 다양한 연출의 아름다움이 있었으며, 유방을 가리기 어려운 짧은 저고리에서 유교사회에 있기 어려운 애로티시즘이 있었으며, 장옷이나 쓰개치마에서 동양적인 윤리관념이 담긴 신비로운 은폐의 미가 있었다.

그림 Ⅱ-9. 호조랑관 계회도(국립중앙박물관)

그림 Ⅱ-10. 조선후기의 치마저고리(온양민속박물관)

2. 우리옷의 현대와의 조화 그리고 미래

1) 우리옷의 현대와의 조화

현재 우리는 서유럽인의 복장이 산업화된 양복을 한복 대신에 일상생활에서 입고 있으며 이러한 현상은 세계적인 추세이기도 하다. 20세기에 들어와 석탄, 공기, 물에서 나일론과 같은 합성섬유, 합성염료를 만들고 의복의 생산도 기계화되어 대량생산의 체제를 갖추고 있다.

이와 같이 현대는 산업혁명의 결과가 만개한 시기이며 변화의 시대이다. 세상은 눈부시게 빠른 속도로 변해가고 있다. 따라서 너무 완벽한 과거에 대한 집착은 오히려 시대에 뒤떨어지고 발전의 저해요소가 된다.

현재 전통한복은 일상생활에서 유리되고 명절에나 생각나면 입는 예복으로 여기고 있는 세태다. 그러므로 전통복식도 현대와의 조화를 이루기 위해서 전통복식의 미적 특성을 바탕으로 한 전통미의 재창조 작업이 필요한 단계라고 생각된다. 이러한 창조성 역시 복식문화의 기능 중의 하나로서 현대에 알맞게 생활화된 전통의상은 바로 현대와의 조화를 가져올 수 있기 때문이다.

창의적인 전통복식의 생활화를 위한 구체적인 응용방안은 다음과 같이 제시될 수 있다.

(1) 기능미의 강조

우리나라 사람들의 생각은 한복이 양복보다 매우 불편해서 일상생활에서 입기 싫다는 인식을 갖고 있다. 그러나 앞에서 살펴본 바와 같이 본래 한복은 기능적인 북방계열의 긴 저고리와 바지에서 출발하였다. 고구려 벽화의 인물들이 이것을 입고 말을 타고 산을 달리면서 호랑이를 잡고 있는데서도 느낄 수 있다. 또 의복의 자연발생적인 입장에서 보면 서양복의 바지보다 오히려 발생기운이 앞서는 매우 기능적이고 무풍적인 의복이다.

이러한 저고리와 바지는 장구한 세월에 걸쳐 우리에게 착용되었으므로 전통복식미의 핵심이다. 불편한 한복이라는 인식은 산업화 작업에서 서양복에 비해 한걸음 뒤졌기 때문에 생긴 오해라고 볼 수 있다. 그러므로 한복의 편리한 기능미는 실생활에 응용할 수 있는 핵심적인 기능이므로 전통의상을 실생활에 응용할 수 있는 재창조의 가장 중요한 요소인 것이다.

(2) 표현미와 조형미에 대한 이해

재창조 작업에는 생활의식을 나타내주는 전통 미의식에 대한 이해가 절대적이다. 그러므로 인간의 내면을 외적으로 표현하는 상징적인 표현미와 조형미에 대한 이해를 높임으로서 현대와의 조화를 이루고 미래 복식에 응용할 수 있다.

(3) 전통복식의 합리성 주목

서양복식의 합리성은 입체적인데 반하여 전통복식의 합리성은 평면적인 점이다. 또한 사이즈의 융통성, 직선재단의 장점으로 겹쳐 입을 수 있어, 형태의 다양성과 더불어 색채겹침의 효과도 누릴 수 있다. 이들은 현대의 레이어드룩이나 루즈룩에 활용되고 동양미로서 현대인에게 공감을 부여한다. 이와같은 전통의상에서 풍기는 동양풍의 아이디어도 서양에서도 대단한 흥미를 느끼는 새로운 패션이미지라고 할 수 있다.

그림 II-11. 검무(혜원:간송미술관)

2) 우리옷의 미래

우리는 현재 산업사회를 지나 정보화 사회에 살고 있다. 앨빈 토플러는 그의 저서인 '제3의 물결'에서 곧 다가올 2천년대는 새로운 사회가 도래할 것이라고 진단하고 있다. 인류 역사상 과거의 수천년동안 지속된 농경사회에서는 왕, 귀족, 농민을 중심으로 그에 적합한 의복을 입었고, 현재 17세기 이후의 산업사회에서는 대통령, 도시민, 근로자가 그에 적합한 민주화된 의복을 입었다. 그렇다면 재택근무, 화상강의, 태양에너지 등 사회의 대변혁 예고가 실현될 21세기 미래 기술정보사회에서는 어떠한 의상이 적합할 것인가? 예를 들어 로버트 저메키스 감독의 영화 '백 투더 퓨쳐(Back to the Future)'에서는 미국영화답게 미국식 미래사회 의복의 발상을 "과학의 힘"으로 보여주고 있다. 재킷, 구두의 사이즈가 입자마자 인체에 맞게 자동조절된다든가, 물에 빠져 젖었을 때 입은 채로 자동 드라이되는 의복 등이 그것이다.

그렇다면 제3의 복식문화인 한국식 미래의상은 어떠한 방향으로, 어떠한 방법으로 이루어질까? 그 해답은 전통의상의 세계화이다.

이를 위해서는 지금까지 설명한 전통의상에 대한 미적 특성의 깊은 이해를 바탕으로, 정보기술사회에 맞도록 기술적 측면의 선진적 연구개발을 이루어야 한다. 한국을 비롯하여 유럽, 미국, 일본 등 세계 패션 조류에 대한 유형을 정보화하여 데이타베이스를 구축하고 체계적으로 분석할 수 있도록 한 후 컴퓨터 설계에 의한 미래 유형을 재창조하는 작업이 요망된다.

이것이 바로 미래전통 의상의 세계와 작업으로서, 21세기 미래사회인 정보기술사회에 맞게 한복의 멋을 바탕으로 한 의상디자인의 전반적 변혁이 시도되어야 할 것이다.

21세기 산업은 기술정보의 공유 속에서 디자인을 결정하기 때문이다.

3. 우리옷의 맵시와 옷차림

요즈음은 일상생활에 입는 의상이 서양복으로 바뀌어 옛날처럼 어려서부터 늘 한복을 입고 지낼때와는 많이 달라졌다.

따라서 평소에 입지 않던 한복을 갑자기 입으면 몸에 붙지않아 어색한 경우가 있게 된다. 이와같이 몸에 배지 않은 한복을 서투르게 입게 되면 자연히 옷맵시가 상하게 된다. 좀더 우아하고 품위있게 입고 거기에 맞는 행동을 취할 수 있도록 여러 가지를 알아보기로 한다.

1) 우리옷의 맵시

흔히들 한복의 아름다움을 예찬할 때 기와지붕의 처마끝같이 살풋 들린 섶코라든가, 외씨 같은 버선코, 우아한 배래의 곡선 등 선 자체의 미를 들곤 한다.

이러한 것들이 서로 조화를 이루며 입었을 때 단순해 보이면서도 은은하게 흐르는 우아한 멋이 한복의 맵시를 더해준다.

그러나 한복은 누구나 같은 형태를 입게 되지만 입는 사람에 따라서 천차만별의 느낌을 준다. 우아하고 기품있기도 하고 멋지고 화사하기도 하며 때로는 깔끔하고 맵자하게 보이기도 하지만 매력없이 허술하게 입어제친 한복은 정말로 볼품이 없다. 한복 본연의 제맛을 갖추려면 우선 마음가짐을 차분하게 하여 분위기를 살려줌과 동시에 때와, 장소, 용도에 맞는 속옷과 겉옷, 악세사리, 머리 모양을 선택하여 조화있게 입어야 할 것이다.

2) 옷차림의 순서

(1) 여자옷

겉모양에 신경을 쓰다보면 속옷을 소홀히 하기 쉬운데 옷을 곱게 입으려면 속옷을 바르게 입어야 한다.

참고로 조선 시대 말기 여성들이 속옷 입는 순서를 알아보면 제일 먼저 다리속곳을 입고 그 위에 속속곳, 바지, 단속곳을 입고, 의례시에는 무지기나 대슘치마라는 패티코트용 속치마를 입었다. 그 위에 겉치마를 입었으며 위에는 속적삼을 입었는데, 셔츠가 1920년대 들어오면서 차츰 자취를 감추어 속적삼 대신 셔츠로, 다리속곳 대신 팬티로 대체되었다. 또한 속속곳이 생략되고 요즈음까지 남은 것은 터졌던 밑을 막고 허리에 고무줄을 넣은 개량 바지와 조끼허리를 단 속치마를 입게 되었다.

그러면 요즈음 한복 입는 순서를 구체적으로 들어보자.
① 제일 속에 매일 갈아 입을 수 있도록 짧은 속바지를 입고 그 위에 버선목이 가려지는 길이의 바지를 입는다.
② 속치마는 흰색으로 겉치마보다 3cm 짧게 입는다.

③ 버선을 신는데 수눅선이 엄지발가락과 둘째 발가락 사이에 가게 하고 버선 수눅선이 발 안쪽으로 엎어지게 신는다.

④ 겉치마는 겉자락을 왼편으로 여며 입되 자락이 등넓이의 2/3 정도로 오도록 한다. 파티복인 경우는 치마 속에 무지기나 적당한 패티코트를 입으면 치마가 봉긋하게 퍼지면서 상체가 작게 보여 상박하후의 미를 나타내준다.

⑤ 상의로서 속적삼이나 속저고리를 입을 경우 겉저고리보다 각 부분의 길이를 1cm 정도 짧게 하여 입는다.

⑥ 겉저고리는 동정의 이가 잘 맞도록 입는다. 고름을 맬 때는 긴고름으로 코를 내어 겉깃쪽으로 눕혀 놓고 짧은 고름으로 돌려 반듯하게 맨다. 처음 입는 사람의 경우에는 다 입고 나면 저고리고대와 어깨솔기가 뒤로 제껴지기 쉬우므로 앞으로 당겨 입는다. 또 진동선의 구김을 정리하여 길을 접어 넣어 입는다.

⑦ 길을 걸을 때는 버선목이 들어나지 않을 만큼 치마자락을 왼손으로 살짝 추켜잡아 끌리지 않도록 한다. 층계를 올라갈 때는 양 옆을 들지말고 앞을 살짝 들어준다. 또한 걸을 때는 뚜벅뚜벅 걷지말고 앞을 살짝 차면서 걸으면 긴치마자락을 밟지 않는다. 정초에 초대를 받았거나 나들이를 할 경우 두루마기를 갖추어 입는데 치마 뒷자락을 잘 여민다음 허리띠를 맨 후 입

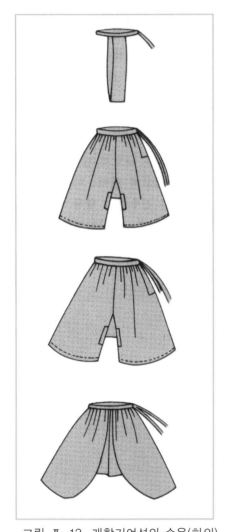

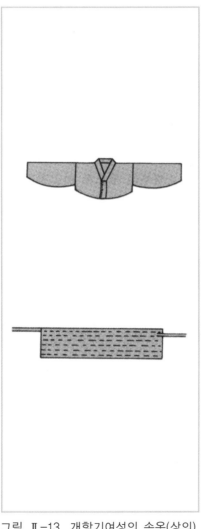

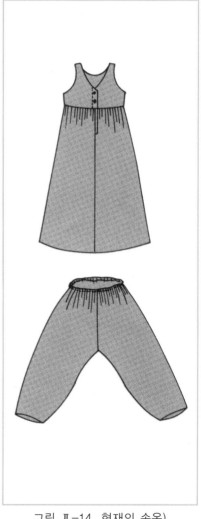

그림 Ⅱ-12. 개항기여성의 속옷(하의)　　그림 Ⅱ-13. 개항기여성의 속옷(상의)　　　그림 Ⅱ-14. 현재의 속옷)

① 왼손에 잡았던 자락을 먼저 여미 안자　② 겉자락과 안자락은 보통의 경우 등너
　락이 되게 하고, 오른손에 잡았던 자락　　비의 중신 부분 1/3만큼 겹친다.
　을 여미 왼손에 옮긴다.

그림 Ⅱ-15. 치마여미는 방법

① 짧은 고름이 위쪽으로 오도록 한 번　② 짧은 고름을 둥글게 돌려 매듭고를 만
　맨다.　　든다.

③ 왼손으로 매듭고를 잡고, 오른손으로　④ 고를 잡아 빼면서 알맞게 맨다.
　는 긴 고름으로 고를 만든다.

그림 Ⅱ-16. 옷고름 매는 순서

는다. 치마저고리 위에 팔이 들어가지 않는 오버코트를 걸친다든가, 치마
밑으로 평상시에 신던 시커먼 구두가 나온다든가, 고름코가 하늘을 향하고
치마자락이 펄럭이면서 지저분한 속치마, 속바지가 보인다든가 하는 것은
모두 한복의 미를 해치는 요소들이다. 대낮에 파티용 한복인 번쩍이는 금
박을 박은 옷, 화려한 자수를 놓은 옷 등을 입고 거리를 활보하는 것도 역
시 마찬가지이므로 주의하도록 한다.

⑧ 머리는 목과 고대선이 드러나는 단정한 스타일이 좋고 긴 머리의 경우 옛
날처럼 땋아 내리거나 쪽을 짓는 것도 보기 좋다.

⑨ 하얀버선에 전통 갓신이야말로 한복에 어울리고 벗어 놓은 모양도 아름답
다. 파티복의 경우 폭넓고 긴치마에는 흰색 구두나 고무신 같이 생긴 구두
도 괜찮으나 들어나 보이지 않도록 하는 것이 좋겠다.

⑩ 노리개를 사용할 경우 옷과 배색이 맞는 것으로 고름이나 허리띠에 차고,
백은 동색의 주머니나 작은 구슬백을 들면 좋다.

(2) 남자옷

속옷으로는 속적삼과 속고의를 입었으나 근래에는 메리야스 내의로 대신 입
는다. 따라서 속옷 위에 바지와 저고리를 입고 저고리 위에는 조끼와 마고자를
입는데, 저고리 길이가 빠지지 않아야 한다. 또한 외출할 때에는 두루마기를 덧
입는 것이 예의이다.

마고자의 소맷부리나 도련 밑에는 저고리가 나오지 않아야 하며, 두루마기의
소맷부리 밑으로 마고자가 나오지 않도록 한다. 바지를 입는 방법은 버선이나
양말을 신은 다음, 바짓부리를 간추려서 발목 바깥쪽으로 단정하게 접고, 대님
을 발목 안쪽에 외고로 맨다. 바지허리를 맞추어 앞을 접어서 여미고 허리띠를
맨다.

① 배래 솔기를 안쪽 복사뼈에 댄다.

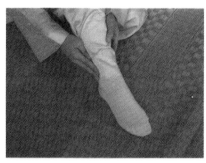

② 안쪽 복사뼈에서 남은 분량을 모
아 쥔다.

③ 남은 분량을 뒤로 돌려 바깥 복사
뼈 쪽으로 크게 주름을 잡는다.

④ 안쪽 복사뼈에 매듭을 지을 것이
므로, 이에 필요한 분량을 고려하
면서 대님을 안쪽 복사뼈에 댄다.

⑤ 한 바퀴 돌려 대님을 겹치게 한
다음 한 바퀴 더 돌린다.

⑥ 저고리 고름처럼 매듭을 짓는다.
길 때는 나비형으로 메기도 한다.

그림 Ⅱ-17. 대님매는 순서

Ⅲ. 우리옷만들기의 기초

우리옷 만들기의 기초는 우리옷 만들기에 필요한 특징적인 요소만들 추출하여 정리한 것이다. 또한 국민체위 표준치수는 과학적인 기성복 패턴을 개발·연구하는 자세를 가지도록 하는데 도움을 줄 것이다.

1. 치수재기와 표준치수

입어서 편안하고 몸에 잘 맞는 의복을 만들기 위해서는 인체의 치수를 정확히 재야 한다. 그러려면 특히 기준점을 정확히 정하여야 하며, 치수재는 기술의 숙련이 필요하다.

특수한 체형일 경우에는 각 부분의 치수를 세밀히 재야 하므로, 먼저 체형을 잘 관찰하여 특징을 파악한 다음에 재도록 한다.

1) 치수재기

(1) 기준점정하기

치수를 대기 전에 한복의 제작에 필요한 기준점을 표시한다.

㉠ 뒷목점 : 등길이, 저고리길이, 두루마기길이, 화장 등을 재는 데 기준점이 된다.

㉡ 옆목점 : 고대끝점을 정하는 데 참고가 된다.

㉢ 어깨끝점 : 화장을 잴 때에 반드시 지나게 되며, 소매가 달리지 않는 옷의 어깨너비를 정하는 데 참고가 된다.

㉣ 앞품점 : 저고리와 같은 윗옷의 앞품을 정하는 데 참고가 된다.

㉤ 뒤품점 : 윗옷의 뒤품을 정하는 데 참고가 된다.

㉥ 팔꿈치점 : 소매가 짧은 적삼 등을 만들 때에 소매길이를 재는 데 참고가 된다.

㉦ 손목점 : 저고리나 두루마기의 화장을 재는 데 기준점이 된다.

㉧ 무릎점 : 길이가 짧은 통치마나 두루마기 등의 길이를 재는 데 참고가 된다.

㉨ 발목점 : 치마길이나 바지길이 등을 재는 데 기준점이 된다.

(2) 치수재기

치수를 댈 때에는 속옷을 입고 허리의 가장 가는 곳을 끈으로 매어 놓고 잰다. 이 때 지나치게 잡아당기거나 느슨하게 하지 않도록 한다.

① 둘레

㉠ 가슴둘레 : 저고리의 품과 치마허리의 둘레를 산출하는 데 참고가 되는 치수이다.

㉡ 윗가슴둘레 : 저고리이 품과 치마허리의 둘레를 산출하는 데 기준이 되는 치수이다.

㉢ 엉덩이둘레 : 바지통을 정하는 데 기준이 된다.

㉣ 허리둘레 : 보편적으로 바지통의 치수는 엉덩이둘레를 기준으로 하나, 경우에 따라 허리둘레를 참고할 수 있다. 허리선에 중점을 둔 새로운 한복을 만들 때에도 쓰인다.

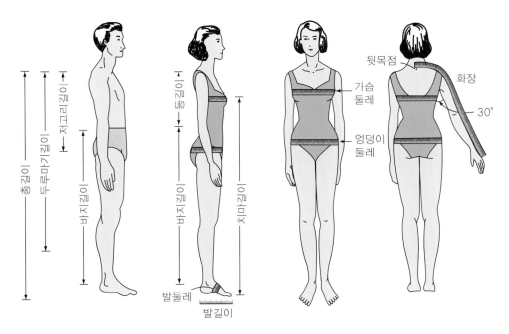

그림 Ⅲ-1. 치수재기

② 길이

㉠ 등길이 : 저고리길이를 정하는 데 참고가 되는 치수이다. 따라서 저고리길이는 등길이와 총길이에 따라 적당하게 조절한다.

㉡ 화장 : 소매길이의 기준이 되는 치수이다.

㉢ 총길이 : 두루마기길이는 총길이에서 여자용은 20~25cm 정도를 빼고 남자용은 25~30cm 정도를 뺀 치수를 기준으로 원하는 길이까지 재는데, 이 길이는 대략 무릎과 바닥의 중간 위치까지 내려오게 된다.

㉣ 치마길이 : 통치마길이는 긴치마길이보다 25~30cm 정도 짧게 한 치수를 기준으로 하여 가슴둘레선에서 원하는 길이까지 잰다.

㉤ 바지길이 : 남자 한복바지의 길이는 옆허리 둘레선에서부터 발목점까지를 수직으로 잰다. 여자들이 속옷으로 입는 바지는 바지길이에서 5cm 정도를 뺀 치수로 한다.

㉥ 발길이 : 버선 만들 때에 필요한 치수이다.

③ 너비

㉠ 가슴너비 : 저고리의 앞품을 정하는 데 참고가 되는 치수이다.

㉡ 등너비 : 저고리의 뒤품을 정하는 데 참고가 되는 치수이다.

㉢ 앞길이 : 가슴이나 배가 많이 나온 사람의 경우 저고리의 앞길이를 정하는 데 참고가 된다.

2) 표준치수

표준치수는 국민 체위에 맞게 의류, 신발류, 교구, 가구류 등 공산품을 만드는 데 필요한 것으로, 의류서는 기성복을 만드는 데 특히 필요하다. 지금까지

표 Ⅲ-1. 우리나라 아동과 성인의 연령별 평균값 (단위:cm)

측정항목	성별	평균									
		1세	3세	5세	7세	10세	16세	18~24세	25~39세	40~59세	60세이상
1. 키	남	84.3	99.6	108.9	124.8	139.7	170.1	171.4	170.9	167.4	164.1
	여	83.9	98.9	110.3	122.5	141.1	159.7	160.0	158.4	155.4	151.2
2. 목뒤높이	남	67.8	80.5	92.4	102.7	117.3	144.4	145.3	144.6	142.5	139.9
	여	68.1	80.0	90.1	101.8	119.1	135.6	135.7	134.3	131.8	128.8
3. 허리높이	남	45.6	56.0	65.3	74.4	85.5	103.8	103.4	102.3	100.2	99.4
	여	46.8	56.1	65.1	74.0	87.0	98.1	97.7	96.0	94.1	91.9
4. 앞중심 길이	남	20.1	22.6	24.0	26.2	28.7	35.4	36.5	36.9	37.4	35.3
	여	20.0	21.6	23.2	24.5	27.2	31.7	32.3	33.1	33.7	32.7
5. 앞품	남	18.4	20.2	21.8	23.8	27.1	34.8	35.3	35.8	35.7	34.0
	여	18.4	19.8	21.2	23.1	25.9	30.8	30.9	30.6	31.0	31.0
6. 뒤품	남	20.0	23.1	25.4	28.2	31.5	39.4	40.1	40.0	40.1	36.8
	여	20.2	23.1	25.0	27.3	31.0	35.4	35.3	35.3	35.9	35.4
7. 등길이	남	21.9	24.7	26.0	29.0	32.3	41.8	43.5	43.9	43.7	43.0
	여	21.6	24.0	25.6	27.8	31.7	37.4	37.7	38.3	38.9	38.1
8. 팔길이	남	26.4	31.1	34.8	39.3	44.7	54.5	55.0	54.7	54.0	53.9
	여	26.0	30.5	34.1	38.4	44.9	50.8	51.1	50.4	49.9	50.6
9. 밑위앞뒤 길이	남	40.4	41.2	44.8	48.1	54.7	67.7	70.0	71.4	71.9	70.9
	여	41.6	40.6	44.3	49.1	57.4	68.0	68.0	67.6	68.2	67.4
10. 어깨너비	남	22.5	23.5	24.3	27.0	29.9	37.8	39.1	39.2	38.9	37.3
	여	22.6	23.4	24.0	26.6	29.9	34.8	35.1	35.3	35.1	33.8
11. 목둘레	남	24.3	24.2	25.1	26.1	27.8	33.8	35.2	36.6	37.0	35.7
	여	24.0	23.7	24.3	25.3	27.5	30.4	30.3	30.9	32.0	32.3
12. 진동둘레	남	21.2	22.7	24.4	26.6	30.1	38.0	40.1	41.2	41.1	39.4
	여	21.4	22.4	23.9	26.0	29.7	34.9	35.8	36.6	38.1	38.1
13. 가슴둘레	남	49.4	52.2	55.1	59.0	66.9	81.8	86.8	90.9	92.4	90.4
	여	49.7	51.3	54.1	59.0	67.0	80.8	81.7	84.7	88.6	90.7
14. 허리둘레	남	47.4	48.9	50.7	53.4	61.3	69.9	73.6	80.4	85.4	86.2
	여	48.6	48.4	50.1	52.9	58.9	65.8	65.6	68.6	76.4	82.4
15. 엉덩이 둘레	남	50.4	53.5	58.1	63.5	73.0	76.3	91.5	93.1	93.1	89.5
	여	51.1	53.8	58.2	63.3	73.4	89.5	89.2	89.8	91.7	91.4
16. 발길이	남	13.0	15.6	17.3	19.2	21.5	25.2	25.0	24.9	24.7	24.4
	여	13.1	15.5	17.0	18.8	21.4	23.1	22.9	22.8	22.7	22.7
17. 발둘레	남						24.5	24.5	24.7	24.7	24.3
	여						22.2	22.2	22.3	22.5	21.8

한복은 가내 수공업이나 주문 제작 형식으로 제작되었고 평면 구성으로 되어 있기 때문에 본뜨기에 필요한 참고치수만 있으면 되었다. 그러나 산업사회에 맞게 기성복화하는 데에는 인체에 대한 과학적인 연구가 필요하다.

표 Ⅲ-1은 한국아동과 성인 남녀의 표준체위 측정치수이다. 이것은 국립기술품질원의 1997년에 국민체위를 조사한 자료를 바탕으로 0세에서 70세까지 인체측정지수를 테이터정보로 변환하여 산업현장에서 제품설계 및 디자인에 활용하기 쉽도록 정보화한 것이다. 그 중에서 한복을 만드는 데 필요한 항목만을 선별하였다.

2. 마름질의 기초

옷감을 모양과 치수에 맞추어 자르는 과정을 마름질이라 한다. 이 때 되도록 이면 옷감의 낭비가 없도록 한다.

1) 옷감정리

옷을 만들었을 때의 모양이 반듯하고 그것이 오래 유지되려면, 옷감의 상태를 잘 관찰하여 적절히 손질한 다음에 마름질을 하여야 한다.

(1) 올 바로세우기와 식서정리

옷감의 날실과 씨실의 교차가 직각이 되도록 바로 잡는다. 옷감의 뒤처리 과정에서 잘못되어 바로잡을 수 없는 경우에는 너무 무리하게 다루지 않도록 한다. 식서(천의 끝마무리선)가 고르지 않을 때에는 직선으로 잘라 버리거나, 당기는 곳에 가윗집을 넣으면 편안하게 된다.

(2) 다림질하기

옷감의 올을 바로잡아 안쪽에서 다림질하여 구김을 펴서 정리한다. 다리미의 온도는 천에 따라 달리해야 하므로 유의하도록 하며, 특히 혼방 직물이나 교직인 경우에는 약한 쪽의 온도에 맞추어 다린다.

(3) 옷감의 안팎구별

옷감은 조직, 무늬, 색상, 광택 등에 따라서 안과 겉의 구별이 뚜렷한 것과 그렇지 않은 것이 있다. 구별이 뚜렷하지 않을 경우에는 기호에 따라 적절하게 택하면 된다. 그러나 일반적으로 구별하는 방법은 옷감을 펼쳐 놓고 양면을 비교하여 볼 때에 식서에 글자를 넣어 제직한 것이 바르게 보이는 쪽이 겉이고 동일한 색상에서 무늬가 있을 때에는 무늬에 광택이 나는 쪽이 겉이다. 그리고 실의 보플이나 매듭이 없이 매끈한 쪽이 겉이다.

2) 마름질의 특징

(1) 본에 표시하기

본에는 옷감의 식서 방향을 표시하고, 옷의 종류에 따라 그 밖의 필요한 표시를 하여 두면, 마름질과 바느질을 할 때에 신속하고 정확하게 할 수 있다.
① 한복 소매는 항상 가로 방향으로 본을 배치한다.
② 두루마기의 무나 섶, 풍차바지의 밑의 식서 방향은 주의하여 마름질한다.
③ 조끼허리나 말기허리, 바대 등 늘어나기 쉬운 부분은 세로 방향으로 본을

배치한다.

④ 긴 자락치마폭을 A라인으로 할 때에 양쪽 가장자리 폭의 안자락과 겉자락 끝은 반드시 곧은 올이 되도록 한다.

(2) 본 배치하기

① 마름질하기 전에 필요한 본을 큰 조각부터 모두 모아 본다. 이때 옷감의 분량이 적당한가를 검토하여 만일 부족분이 생기는 경우에는 시접의 양, 고름의 너비 등을 조절하도록 한다.

② 되도록 좌우 한 쌍을 한꺼번에 마를 수 있도록 옷감을 접어 놓고 본을 배치한다. 겉섶과 앞섶의 경우에는 각 1장씩 마르므로 접어 놓고 마름질하지 않아도 된다. 이 때 섶은 특히 좌우가 바뀌지 않도록 주의한다.

③ 무늬 있는 옷감, 색동 저고리 소매, 털이 있는 옷감 등은 본을 배치할 때에 세심한 주의가 필요하다.

(3) 옷감에 완성선 표시하기

옷감에 완성선을 표시하는 방법은 옷감의 종류에 따라 다르나 기본적으로 옷감이 상하지 않고 선명하게 옷감의 안쪽에 표시되어야 하며, 바느질이 완성될 때까지 표시한 것이 지워지지 않아야 한다. 표시방법에는 실표뜨기, 초크로 표시하기, 복사지를 대고 점선기로 표시하기, 뼈인두로 표시하기, 인두나 다리미로 표시하기 등이 있다. 예전에는 주로 인두로 표시하였으나, 근래에는 옷감의 종류가 매우 다양하기 때문에 양복에서 사용해 온 실표뜨기를 활용해도 좋다.

(4) 마름질하기

① 저고리나 두루마기 등의 길을 마를 때에는 어깨선은 고대부분만 베어 놓고 점선 부분을 그대로 두며, 길 4장을 함께 붙여서 마를 때에는 고대부분과 앞중심선만 베어 놓는 것이 좋다.

② 바느질을 정확하고 편리하게 하기 위하여 서로 맞추어 꿰매져야 할 부분의 시접을 가위로 에어 표시하여 둔다.

③ 삼회장저고리의 곁마기나 두루마기의 무는 같은 쪽을 여러 장 마름질하지 않도록 주의한다.

④ 안감을 마를 때에는 섶과 진동선을 붙여 마름질하여 되도록 솔기를 줄이면 편리하다.

⑤ 삼겹저고리의 심감은 옷을 반듯하고 아름답게 나타내주어 옷의 형태가 변형되지 않도록 보강해 준다. 심감을 마를 때에는 심감의 종류와 옷의 종류에 따라 다르나 일반적으로 겉감과 같이 마르고 경우에 따라 바느질을 한 뒤에 심감의 시접을 바싹 잘라 버리기도 한다.

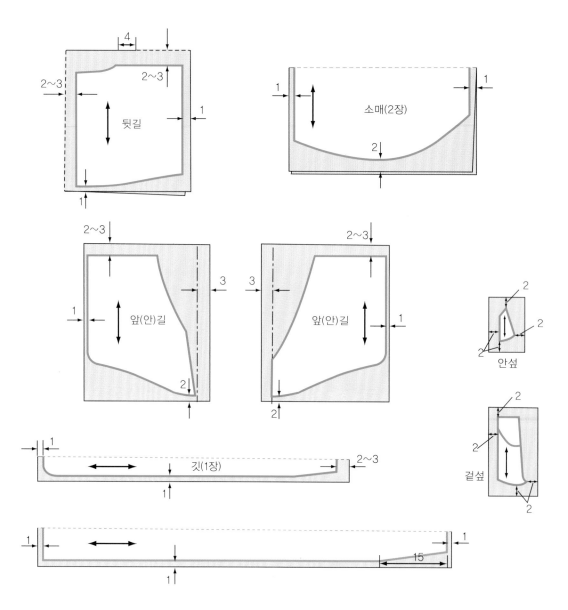

그림 Ⅲ-2. 겹저고리 시접두는 방법

3) 시접두기

　잘 손질된 옷감 위에 본을 놓고 시접 분량을 넣어 마름질을 하는데, 이때 시접분량을 정확하게 두어야 한다.

　마름질을 할 때 시접의 분량은 바느질법, 옷감의 재질, 옷감의 두께 등에 따라 다르나, 시접의 분량이 너무 적으면 바느질이 어렵고 필요 이상으로 많으면 옷의 형태가 곱게 나오지 않으므로 적당한 분량의 시접을 두고 마르도록 한다.

　한복의 시접을 두는 방법에는 시접에 여유분을 넣어 일적선으로 하는 방법과 여유분을 넣지 않고 1cm 정도의 바느질 분량만을 생각하여 본 모양대로 하는 방법이 있다. 보편적으로 물겹옷이나 솜옷은 각 부분마다 시접을 많이 두고 박이옷(박아서 시접을 잘라낸다)이나 깨끼옷은 1cm의 시접만 둔다.

　예전에는 물겹옷(뜯어서 다시 빨 수 있도록 시접을 잘라내지 않고 호아서 지은옷)이나 솜옷은 지어 입었다가 더러워지면 다시 뜯어 빨아서 일일이 새로 지어 입었기 때문에 여러 조각을 손질하려면 일직선으로 시접을 두어야만 모양이 고르게 되었다. 그뿐만 아니라 여유있는 시접분은 솔기가 해어지거나 옷을 다시 크게 지을 때에 시접을 지혜롭게 이용할 수 있었다. 그리고 박이옷이나 깨끼옷은 한 번 지으면 통째로 빨아 입었기 때문에 시접을 많이 둘 필요가 없어 어느 부분이나 똑같이 적게 두었다.

이와 같은 방법은 지금까지 전통적으로 이어왔기 때문에 그대로 행하여지고 있다. 그러나 요즈음에는 어떠한 옷감을 사용하든지 뜯어서 빠는 예는 없고, 또 보다 가벼운 옷을 입으려 하는 경량화 추세와 옷을 보다 간편하게 만들려고 하는 간편화 추세에 따라 점차로 시접을 적게 두는 경향으로 변하고 있다. 겹저고리의 예를 들어 보면, 어깨솔, 등솔에는 2~3cm 정도의 시접을 두고, 다른 곳은 바느질 분량인 1cm 정도의 시접을 둔다. 그러나 바느질 도중 길이가 모자라기 쉬운 겉섶이나 겉섶선, 소매배래 등에는 2cm 정도의 시접을 둔다. 안깃끝의 시접은 여유있게 2~3cm 정도 두는 것이 좋다. 다른 한복의 시접 분량도 이에 준한다.

3. 바느질의 기초

한복의 모양을 한층 아름답게 만들기 위해서는 바느질이 깨끗하고 솔기가 고와야 한다. 또 바느질을 깨끗하고 곱게 하기 위해서는 바느질에 필요한 여러 가지 기초적인 사항을 바르게 이해하고 그 기능을 습득하여야 한다.

1) 기초 바느질법

바느질 방법에는 손으로 하는 방법과 재봉틀로 하는 방법이 있다. 바느질 방법은 양복 바느질법과 대체로 비슷하므로 여기에서는 한복 바느질의 특징이 있는 방법을 몇가지 설명하기로 한다.

(1) 공그르기

치맛단, 두루마기단, 끈접기 등에 흔히 쓰이는 바느질법이다.

(2) 감침질

감침질에는 보통감침, 어슷감침, 속감침이 있는데, 버선볼을 대거나 끈을 만들 때에 쓰인다. 홑당의와 같이 얇은 감으로 단을 좁게 접을 때에는 말아감침을 한다.

(3) 새발뜨기

두꺼운 감의 치맛단이나 두루마기단 등에 쓰인다.

(4) 상침질

바느질 방법은 박음질과 비슷하며, 솔기의 가장자리를 겉에서 돌아가며 바느질하는 방법이다. 상침질에는 실이 겉에서 보이게 하는 장식 상침과 겉에서 보이지 않게 하는 숨은 상침, 재봉틀로 박는 상침이 있다.

① 장식상침

솔기의 겉이나 옷의 가장자리를 장식하기 위하여 사용하는 데 주로 원삼의 깃, 어린이옷, 박이옷, 보료, 방석, 보자기 등에 이용된다.

재봉틀로 하는 장식 상침은 솔기를 튼튼하게 하고 시접을 눌러 주며 장식의 효과까지 나타내기 위하여 겉에서 박는 박음질로서 홑옷의 가름솔위, 고쟁이 부리의 싸개단, 조끼의 장식, 박이옷 등에 많이 이용된다. 상침을 하면 딱딱한 느낌을 주므로 옷감과 용도에 따라 상침의 간격, 상침의 횟수, 땀의 크기 등을 잘 생각하여 박도록 한다.

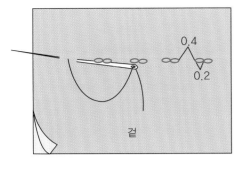 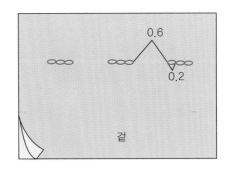

(a) 2땀상침	(b) 3땀상침

그림 Ⅲ-3. 상침질

② 숨은 상침

뒤돌아 뜰 때에 겉에서 보이지 않도록 두세 올 정도만 뜨는 것인데, 주로 안감과 겉감을 고정시키거나 솜옷의 경우 솜과 옷감을 고정시킬 때에 이용된다.

재봉틀로 하는 숨은 상침은 아귀를 처리할 때에나 또는 가장자리에 싸개천을 두를 때에 선의 바로 밑을 겉에서 잘 나타나지 않도록 박아주는 것이다.

(5) 시침질

시침질에는 보통시침, 긴시침, 어슷시침, 숨은시침, 징금바늘시침 등이 있다. 숨은 시침질은 한복 저고리의 깃, 삼회장저고리의 곁마기 시침에 쓰인다.

2) 솔기하기

옷의 시접이나 솔기의 처리방법은 손바느질로 한 것이나 재봉틀에 박은 것이나 같다. 최근에는 재봉틀을 많이 사용하므로, 틀로 박아서 솔기를 한다.

(1) 홑솔

① 꺾음솔

한복의 아름다움은 옷 전체의 형태적 특색이나 옷을 이루는 여러가지 곡선에만 있는 것이 아니라. 직선의 솔기가 풀로 붙인 것과 같이 폭 파묻히게 꺾어진 데서도 찾아볼 수 있다. 그렇게 하려면 박은 곳을 잘 훑어서 박은실이 옷감보다 여유있게 하는 것이 요령이다.

그 다음으로 중요한 것은 꺾어다리기인데, 먼저 꺾어 넘기려 하는 양쪽을 다리미로 다린 다음, 박은선에서 0.1~0.2cm 안쪽으로 들여 꺾어 시접쪽을 꼭 눌러 다리고 겉으로는 다리지 않는다. 이때 감에 따라서는 겉에 배어 나오지 않을 정도로 시접의 바늘땀 가까이에 풀을 약간 칠하여 시접을 꺾은 다음, 종이나 옷감을 위에 놓고 다리면 모양이 오랫동안 유지된다.

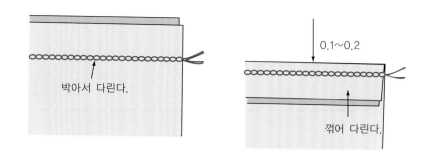

그림 Ⅲ-4. 꺾음솔

② 가름솔

솔기를 양쪽으로 갈라 눕히는 방법이다. 홈질이나 박음질은 촘촘하고 일직선이 되게 하며, 반드시 한 줄로 박아야 한다. 저고리 진동 또는 두꺼운 감의 솔기를 가름솔로 하면 시접이 투박하지 않아 좋다.

(2) 곱솔

솔기를 세 번 곱쳐 박아서 올이 풀리지 않게 할 뿐만 아니라, 가늘고 빳빳하게 만드는 방법이다. 이 방법은 비치는 모시나 노방, 베 등의 홑옷에 쓰이는데, 섬세하고 깨끗한 느낌을 준다. 적삼은 세 번 박지만, 깨끼 저고리는 부위에 따라 수구, 도련은 두 번 박고 그 밖에는 세 번 박는다. 이 때 바느과 실은 가는 것을 사용한다. 먼저 두 겹을 겹쳐서 박거나 시접을 꺾어서 박은 다음, 박은 솔기를 꺾어서 또 한 번 가늘게 막고 시접을 베어 내고 다시 꺾어서 박으면 세 번 박게 된다. 될 수 있는 대로 가늘게 해야 곱게 보인다. 이렇게 하기 위해서는 시접을 벨 때에 올이 곧고 가늘게 되도록 베어야 한다.

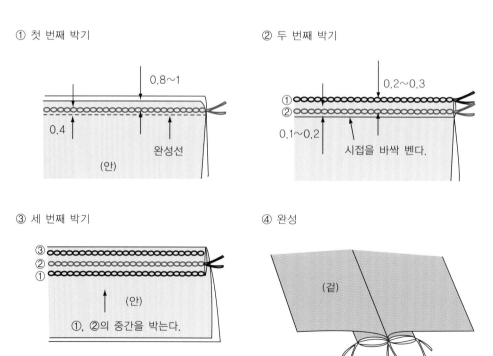

그림 Ⅲ-5. 곱솔

(3) 통솔과 쌈솔

통솔은 홑옷을 튼튼히 만들 때에 사용하고, 쌈솔은 주로 홑옷이나 속옷, 잠옷, 작업복 등에 많이 쓰이는데 통솔보다 쌈솔이 솔기가 튼튼하다.

3) 시접처리하기

한복 바느질을 할 때의 기본적인 시접처리 방법을 다음과 같다.
① 앞과 뒤를 잇는 솔기는 시접을 뒤쪽으로 꺾는다.
② 어슨올과 곧은옷을 잇는 솔기는 시접을 곧은올 쪽으로 꺾는다.
③ 아래 위를 잇는 솔기는 시접을 위로 꺾는다.
④ 좌우를 잇는 솔기는 시접을 큰 쪽으로 꺾는다.
⑤ 안감과 겉감과의 솔기는 시접을 겉감 쪽으로 꺾는다.

4) 부분 바느질

한국 의복을 만드는 데 많이 이용되는 부분 바느질법을 알아두면 여러 가지 옷을 쉽게 만들 수 있다.

한복은 평면 구성이므로 바느질의 섬세함이 요구되는 부분이 많다. 또한 많이 쓰이는 부분 바느질법을 익혀 두면 옷을 만들 때에 쉬울 뿐만 아니라 시간을 절약할 수 있다.

여기에서는 저고리 및 두루마기를 만들 때 쓰이는 고름접기와 깃만드는 방법을 알아보고, 치마허리와 한복바지의 대님과 허리띠 등에 이용되는 끈 만드는 방법에 대하여 알아보기로 한다.

(1) 고름접기

① 마름질한 옷감을 두 겹으로 접어 놓고 그 사이에 15~20cm 길이의 심감을 넣어 둘러 박되, 고름을 매는 위쪽은 1cm 정도 좁게 하고, 끝은 박지 않아 뒤집을 수 있게 한다. 비치는 옷감일 때에는 심을 고름 전체에 댄다.
② 시접을 꺾어 다림질한 후 뒤집는다.
③ 고름을 뒤집은 부분의 끝처리는 두꺼운 옷감인 경우에는 옷감과 같은 색의 실로 곱게 휘갑치기하여 올이 풀리지 않게 하고, 얇은 옷감인 경우에는 접어 넣고 공그른다.

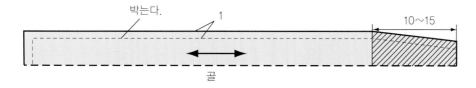

그림 Ⅲ-6. 고름접기

(2) 깃만들기

① 깃감 안쪽에 심감을 대고 겉감 깃의 완성선보다 시접쪽으로 0.3cm 나간 곳을 성글게 박아 심감을 고정시킨다(그림 Ⅲ-7(a)).

② 깃 머리의 둥근 부분은 완성선에서 0.2cm 떨어진 곳에서 0.2cm 간격으로 2줄을 촘촘하게 홈질한 후(b), 각진 시접을 둥글게 베어 낸다.

③ 깃 머리의 곡선을 예쁘게 하기 위해 그림 Ⅲ-7(c)와 같이 두꺼운 종이로 깃본을 만들어 깃 머리에 대고, 홈질한 시접을 오그려 주름이 골고루 가도록 한 다음 꺾어 다려 깃의 형태를 고정시킨다.

④ 안깃도 겉깃과 같은 방법으로 깃 머리 모양을 만들어 꺾는다.

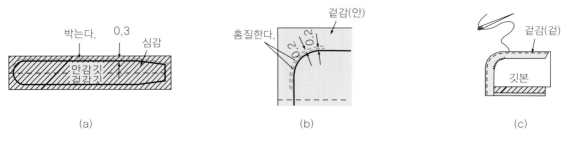

그림 Ⅲ-7. 깃만들기

⑤ 겉감깃과 안감깃 잇기 : 겉깃과 안깃을 다른 감으로 마름질했을 때는 그림과 같이 겉감깃의 겉쪽에 안깃을 대고 완성선보다 밖으로 나가 박은 후 겉깃이 안쪽으로 0.1cm 넘어가도록 다림질한다.

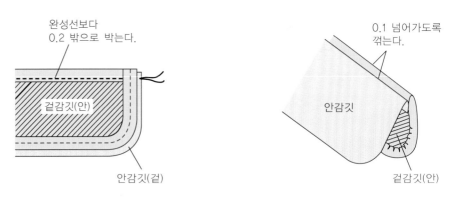

그림 Ⅲ-8. 겉감깃과 안감깃 잇기

(3) 끈만들기

손바느질을 할 때에는 그림 Ⅲ-9(a)와 같이 시접을 접어 모서리가 편안하게 놓이도록 하고 공그르기를 한다.

재봉틀 바느질로 할 때에는 대님이나 허리띠와 같이 끝이 막힌 것은 가운데에 창구멍을 내고 완성선을 박아 그림 Ⅲ-9(b)와 같이 시접을 꺾어서 다림질한 다음 창구멍으로 뒤집고 공그르기로 처리한 후 다림질한다.

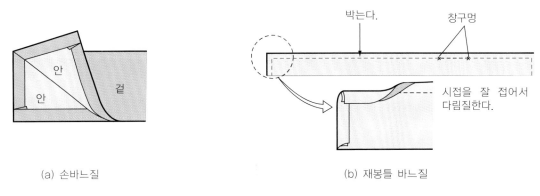

(a) 손바느질	(b) 재봉틀 바느질

그림 Ⅲ-9. 끈만들기

(4) 고리만들기

고리는 끈보다 더욱 작고 가늘게 만들어 사용하는 것으로 적삼이나 마고자의 단추를 끼우기 위한 용도로 쓰인다. 고리는 헝겊을 접어 만들거나 실기둥을 이용하여 만들 수 있다.

① 헝겊고리

마고자 단추를 끼우는 데 쓰이는 헝겊고리를 만들 때에는 헝겊을 가늘게 접어 박거나 손으로 감친 후 반으로 접어서 적당한 위치에 놓고 튼튼하게 박은 후 접은 한쪽을 곱게 감친다.

그림 Ⅲ-10. 헝겊고리만들기

② 실고리

실을 이용해서 고리를 만들 때에는 실로 여러 겹 기둥을 세운 후 버튼홀스티치를 하는 방법과 코바늘이나 손으로 사슬뜨기를 해서 만들 수 있으므로 용도에 따라 적절한 방법으로 고리를 만든다. 이러한 실고리는 단추를 끼우기 위한 용도 이외에 터지기 쉬운 곳에 장식을 겸해 사용하기도 한다.

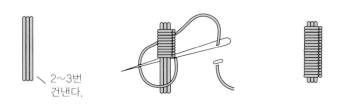

그림 Ⅲ-11. 실기둥으로 실고리만들기

5) 장식 바느질

한복을 만들 때 쓰이는 전통적이고 독특한 장식 바느질은 한복의 미를 더해 주며, 생활용품 제작에도 널리 쓰인다.

(1) 장식 상침하기

의복에는 원삼깃 위에 옷감과 같은 색상의 실로 상침을 하여 장식하고, 그 밖에 방석, 보료, 상보 등에 장식 상침을 한다. 상침은 반박음질인 반당침으로 두 땀 또는 세 땀을 뜨고, 간격을 두어 반복한다.

그림 Ⅲ-12. 장식상침

(2) 사뜨기

타래버선의 수눅, 노리개, 수저집, 골무 등의 솔기를 이을 때에는 사뜨기를 하여 장식을 겸한다.

사뜨기는 가장자리를 도톰하고 예쁘게 마무리해 주는 것으로 용도에 따라 바늘땀의 간격을 조정한다.

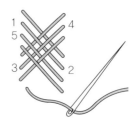

그림 Ⅲ-13. 사뜨기

(3) 선물리기

선물리기는 여러 가지 솔기 사이에 색선을 넣어 장식하는 방법이다. 저고리 등솔선, 깃선, 섶선, 도련선 등에 선을 물리고, 그 밖에 백관의 조복, 제복에 대는 흑색선의 이음선 등과 더불어 여러 가지 용품에 장식으로 선을 물린다.

직선으로 선을 물릴 때에는 곧은 헝겊을 사용하고, 둥근 부분에 곡선으로 선을 물릴 때에는 바이어스 헝겊을 사용한다.

헝겊을 0.5cm 너비로 접어서 완성선에서 0.2cm 내어 시침질하고, 위에 다시 헝겊을 얹어 시침질한 다음 박는다.

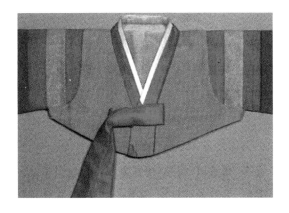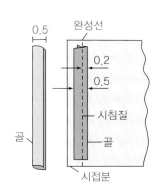

그림 Ⅲ-14. 선물리기

(4) 잣물림하기

잣물림은 어린이 저고리의 섶이나 여러 가지 용구의 가장자리에 작은 삼각형 모양의 색 헝겊을 물려서 모양을 내는 방법으로, 그림 Ⅲ-15와 같이 색 헝겊을 삼각형으로 접어 용도에 맞게 시침질한 다음 꿰맨다.

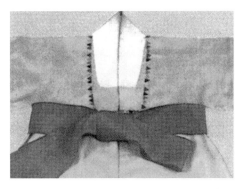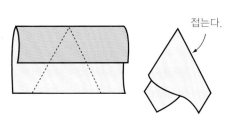

그림 Ⅲ-15. 잣물림

(5) 누비박기

누비는 두 겹의 옷감 사이에 솜을 넣고 줄줄이 홈질이나 박음질을 하는 것으로 치마, 저고리, 바지, 버선, 띠, 침구, 보자기, 두루마기 등 사용범위가 매우 넓다.

누비는 모양에 따라 줄누비, 잔누비, 오목누비 등이 있고, 여러 가지 장식누비도 있다.

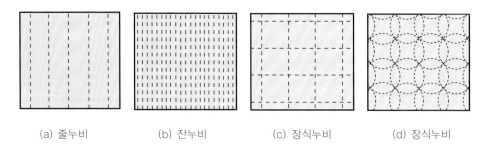

| (a) 줄누비 | (b) 잔누비 | (c) 장식누비 | (d) 장식누비 |

그림 Ⅲ-16. 누비의 종류

(6) 박쥐단추(쌍밀이단추) 만들기

한복을 여밀 때에는 끈이나 옷고름을 많이 이용하지만 세탁과 활동에 편리함을 주거나 장식을 위해 단추를 사용하기도 한다.

한복에 사용되는 박쥐단추나 매듭단추는 헝겊이나 끈으로 만들어져 실용성과 장식성을 겸하고 있다.

박쥐단추는 헝겊으로 만든 장식용 단추로 어린이용 조바위의 이음선이 만나는 홈이나, 까치두루마기 고대에 장식으로 달아준다.

빨간색 명주 옷감을 4~4.5cm²의 정사각형으로 자른 후 양쪽 모서리 끝부터 중앙을 향해 물을 묻힌 엄지와 검지끝으로 양쪽으로 단단하게 말아 넣는다. 말아 온 부분이 밖을 향하도록 접고, 접은 중심에서 0.3~0.5cm 아래를 실로 단단히 묶은 후 윗부분을 양쪽으로 벌려 주면 날개를 편 박쥐모양이 된다. 실로 묶어 준 곳에서 0.2~0.3cm 떨어진 부분을 잘라 필요한 위치에 꼼꼼하게 바느질하여 붙인다.

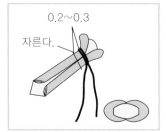

그림 Ⅲ-17. 박쥐단추

(7) 매듭단추

매듭단추는 여름철 적삼이나 속저고리에 많이 사용해 왔으며, 최근에는 웃옷의 여밈단추로도 쓰여 실용성과 장식성을 겸하고 있다. 매듭단추를 만들 때에는 같은 감으로 너비 0.2~1.3cm, 길이 20cm 정도가 되도록 2개의 끈을 말아서 그림과 같은 방법으로 매듭을 만든다.

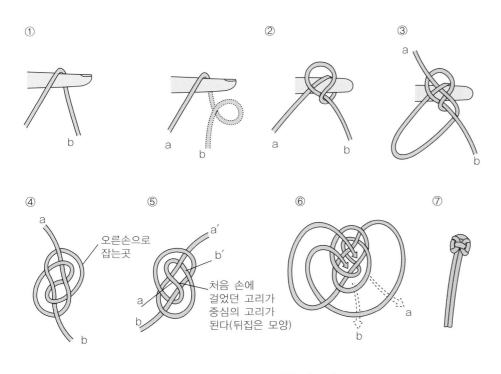

그림 Ⅲ-18. 매듭단추 만들기

① 왼쪽 집게손가락에 헝겊을 걸어 안쪽 가닥을 a, 뒤쪽 가닥을 b로 정한다.
② b를 점선 방향으로 돌려서 a 위에 올려 놓고 왼손 엄지손가락으로 살짝 눌러준다.
③ a의 끝을 잡고 b의 밑으로 돌려 가운데 실 가닥의 밑을 지나 왼쪽 위로 뽑는다. 이 때 모양은 마름모가 중앙에 든 8자형이다.
④ 왼손 집게손가락을 빼고 오른손으로 잡아 8자 모양의 오른쪽을 잡아 뒤로 뒤집는다.
⑤ 마름모의 중앙에 위치한 처음 손에 걸었던 가닥이 바로 단추의 중심이 되는 부분이다. 손가락을 뺀 다음 전체를 엎어놓은 상태에서 코의 양쪽 구멍에 a, b를 넣고 조이되 코에 실을 꿰어 표시하고, 송곳으로 골고루 조여 단추 모양을 만든다.
⑥ 왼손으로 고를 잡고 오른손을 아래로 하여 a, b의 가닥 2개를 살짝 잡아당긴다. 고에 실을 걸어 표시하고 송곳으로 고루 죄어서 단추 모양이 나올 때까지 손질하며 조인다. 단, 고가 너무 커지지 않도록 주의한다.

Ⅳ. 우리옷 만들기

우리옷 만들기는 가장 기본적인 품목을 다양하게 선택하여 한복 바느질법의 전체적인 흐름을 알 수 있도록 하였다. 바느질 방법은 산업사회에 적응할 수 있도록 재래식 바느질 방법, 현재 시중에서 사용되는 방법 등을 골고루 활용하였다.

시접분량표시도 'Ⅲ. 우리옷 만들기의 기초'에서 다룬 내용을 기본으로 하고, 되도록 중복을 피했다.

1. 저고리

<저고리의 역사적 변천>

■ 상대(上代)의 저고리

고구려 고분벽화의 특색은 당시의 생활모습을 여실하게 채색화로 그렸기 때문에 그 시대의 사회풍조와 그 당시의 취미, 오락, 복장, 제도, 장식 등을 세세하게 알 수 있다. 이러한 유적이 많은 고구려의 벽화에는 저고리의 모습이 잘 나타나 있는데, 저고리의 길이는 엉덩이를 덮을 정도였으며 허리띠를 간편하게 하였고 저고리의 깃, 도련, 섶, 수구에 선(襈)을 둘렀는데, 이 선의 문양, 색, 폭에 따라 계급차이가 있었다. 그러나 드문 예로 안악 3호분 벽화의 디딜방아 찧는 여인은 짧은 저고리를 입고 있다.

그림 Ⅳ-1. 고구려 여인의 치마, 저고리 : 저고리의 소매가 손이 보이지 않을 정도로 길고 폭이 넓다 (쌍영총).

그림 Ⅳ-2. 방아찧는 여인: 짧은 저고리와 짧은 치마(안악3호분)

■ 고려시대의 저고리

고려 전기의 저고리는 [고려도경(高麗圖經)]을 참고삼아 보면 백저의(白紵衣)를 귀천없이 입었음을 알 수 있다. 고려 후기의 저고리는 조선시대 초기에 초상화인 조반(趙胖) 부인상에서 고려 말엽의 치마 저고리 모습을 확인할 수 있는데 허리선보다 약간 긴 저고리 앞쪽에 내려뜨린 띠 등이 보인다. 그 밖에 고려불화에서 저고리 입은 여인의 모습을 볼 수 있고 불복장 유물에서 저고리의 실제 유물을 확인할 수 있으며, 고려말 목우상은 삼국시대와 같이 저고리가 긴 모습으로 표현되어 있다.

그림 Ⅳ-3. 황색유와 홍색상을 입은 여자
(수월관음도 : 팔부중공양, 일본대덕사 소장)

■ 조선시대의 저고리

조선시대에 들어서면서 당시 여복저고리 실물을 볼 수가 있다.

〈조선 초기의 저고리〉

저고리의 실물 중 가장 연대가 오래된 저고리는 안동김씨 수의이다. 이 수의 저고리는 당시 보다 좀더 소급한 연대인 조선초기 저고리의 기본 형태를 간직한 것이라고 생각된다. 안동김씨의 수의 저고리는 자주색 명주의 솜누비 저고리와 청색 명주 겹저고리 등이 있으며, 실측에 의한 세부적인 특징을 살펴보면 다음과 같다.

등길이는 남자저고리 모양으로 길고 소매는 직(直)배래에 통수(筒袖)이며 길이가 길다. 그리고 깃은 현대의 안깃과 같이 각을 이루고 깃에는 현대의 깃보다 넓은 동정이 달려 있다. 옆에는 무가 달렸고 도련은 당의도련과 같이 둥글고 수구에는 넓은 끝동이 달려 있다.

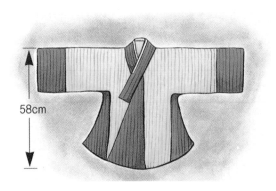

그림 Ⅳ-4. 조선 초기의 저고리

58cm

그림 Ⅳ-5. 조선시대 초기 왕비로 추정되는 좌상 :
치마를 저고리 위에 입고 표를 걸친 모습

〈조선 중기의 저고리〉

조선 중기의 저고리 실물은 이단하(李端夏 : 1625~1689)의 부인인 정경부인의 저고리의 1점과 헌부인 완산최씨의 저고리 1점, 월정사 소장 지고리, 광해군 재위(1608~1623)때의 중궁 유씨의 것으로 추정되는 것과 중궁을 모셨던 권씨의 것으로 추정되는 것이 있다. 이중 월정사 소장 저고리(1600년대)는 깃, 끝동, 삼각곁대는 심청색이고 소매, 섶은 청색이며 길, 곁마기는 백색으로 되어 있다.

등길이는 안동김씨 저고리보다 5cm정도 짧아졌다. 겨드랑이에 삼각곁대가 달려 있어 봉제법이 발달했음을 나타내주고 있다.

53cm

(월정사 소장)

그림 Ⅳ-6. 조선 중기의 저고리

그림 Ⅳ-7. 호조랑관 계회도
저고리와 치마(국립중앙박물관)

〈조선 후기의 저고리〉

조선 후기의 저고리는 청연군주(清衍郡主)의 저고리가 약 60여점 가량 있는데 청연군주(1754~1821) 저고리 1점을 택해서 알아본다. 실측의 결과를 종합한 특징은 다음과 같다.

등길이는 초기의 절반 이하로 줄었다. 화장은 길이가 더 짧아지고 진동도 몹시 좁아졌고 부리는 거의 반으로 줄었다. 깃과 안섶, 겉섶, 끝동 고대는 각 부 모두 몹시 작아졌으나 곁마기만이 커졌다.

유물에서 나타난 조선 초기부터 후기까지의 저고리의 형태변화를 정리하면 다음과 같다.

● 저고리 길이가 점점 짧아지고 있다.
● 통수(筒袖)이며 화장이 길고, 수구(袖口)에 넓은 끝동이 달려 있던 것이 점차 좁아지며, 곡선으로 변하고 있다.
● 목판깃이 당코깃, 둥근깃으로 변하고 있다.
● 고름이 가늘고 짧던 것이 점점 넓고 길어진다.

그림 Ⅳ-8. 조선 후기의 저고리

그림 Ⅳ-9. 영조24년 6월 어느날의 광 경으로 술병을 들고 정자 위에 올라가려는 장면 (1748, 개인소장 충남예산)

그림 Ⅳ-10. 봄나들이 장면 (혜원, 간송미술관)

■ 개항기 이후의 저고리

〈1920년대 이전의 저고리〉

1920년대 이전의 저고리는 일반 부녀자의 경우 저고리의 길이가 20cm 안팎이였으며, 진동이 16~22cm로 입어서 꼭 낄 정도였다. 겨드랑이 밑이 1cm정도로 살이 가리기 어려워 겨드랑이 밑살을 가리기 위한 특수한 허리띠도 존속하였다. 깃나비는 3cm 안밖으로 좁았으며, 당코깃인데 앞깃이 15~17cm이고 고름은 넓고 길어졌다. 그리고 전도부인 및 학생의 경우 1890년대에는 일반 부녀자와 마찬가지로 저고리 길이가 매우 짧았는데 1900년대부터 활동하기에 편리하도록 하기 위해서 차차 길어졌다.

〈1920~1945년 저고리〉

1920년대에는 일반적으로 저고리 길이, 화장, 진동, 배래, 수구 등이 넉넉해졌다.

그 후 차츰 저고리 길이가 길어져 나중에는 저고리가 배꼽을 덮을 만큼 길어졌으며, 긴 길이에 비해 화장이 짧은 것이 이때의 유행이었다.

그림 Ⅳ-11. 주미공관의 한국여인들(1889)　　　　그림 Ⅳ-12. 치마 저고리(1930년대)
　　　　(외교 박물관)

　　1935년경의 저고리 길이는 알맞게 되었으나 1940년대 전후에는 저고리 길이가 다시 짧아져 바스트라인까지 근접했으며 화장은 짧아진 대로이고, 깃길이가 길어져 안깃의 교차점이 내려가 살이 많이 나오도록 늦추었으며, 고름은 더욱 길어졌다. 또한 이때부터 고름 대신 단추를 달거나 '브로우치'를 달게 되었다.

■ 해방후의 저고리

　　8.15해방으로부터 6·25사변 전까지는 일제시대 말엽의 전시복장 차림에서 해방되어 대부분의 사람들이 한복을 입었으나 6·25사변으로 인하여 여성들의 사회진출이 많아지면서 직장 여성들이 양장하는 경향이 많아지게 되고 그 방면의 관심과 연구가 높아짐에 따라 우리의 옷은 퇴폐적이고 낡은 것으로 인정받아 더욱 발전이 적었다. 해방 후 저고리의 길이가 짧아지기 시작하였고 소매통이 넓어졌으며 반면에 깃, 섶, 동정의 나비가 좁아졌고 도련과 배래선이 점차 심한 곡선의 형태를 나타냈다.
　　저고리의 기본 형태는 1965년까지 거의 변화 없이 내려 왔으나 한국인에 대한 세계인의 관심이 높아지고 여러 나라와의 외교활동이 많아져 우리 옷에 대한 관심이 커지고 아리랑 드레스 등 우리옷의 변형에 대한 연구가 높아졌다.
　　70년대에는 지극히 짧은 저고리에 폭넓은 치마가 유행하다가 요즈음에는 차츰 저고리 길이가 길어지고 있는 추세다.

그림 IV-13. 해방후의 여대생의 차림(1950년대)

그림 IV-14. 개량치마, 저고리(1960년대)

그림 IV-15. 채염한복(1970년대),
디자인:백영자

1) 민저고리 만들기

저고리는 짓는 방법에 따라 분류하면 겹저고리, 삼겹저고리, 박이겹저고리, 깨끼저고리, 솜저고리, 누비저고리, 적삼 등이 있다. 또 형태에 따라 분류하면 민저고리, 회장저고리, 색동저고리 등이 있다. 민저고리는 한 가지 색상의 천으로 만든 겹저고리로서, 시접에 여유를 두고 안감을 받쳐 만드는 가장 기본적인 저고리이다.

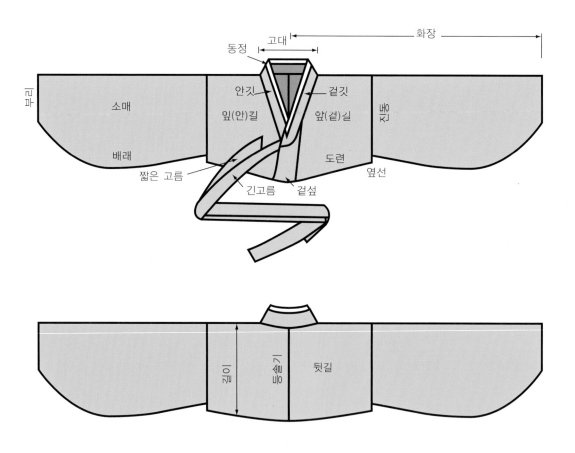

그림 Ⅳ-16. 저고리의 형태와 부분명칭

(1) 본뜨기

저고리의 본뜨기를 위한 기본치수는 가슴둘레, 등길이, 화장이다. 저고리의
치수는 유행에 따라 변동이 많고, 연령이나 취향에 따라서도 일정하지 않다. 저
고리 치수중에서 저고리길이, 소매너비, 섶너비, 깃길이와 깃너비, 고름길이와
고름너비, 동정너비 등은 유행에 따라 변하기 쉬우며, 체형과 얼굴형에 따라 조
절이 가능하다.

※ 참고로 요즘 여대생들의 화장 : 약 78~80cm, 가슴둘레 : 약 82~84cm로
　옛날보다 체형이 많이 바뀌고 있다.

표 Ⅳ-1. 여자 저고리의 참고치수　　　　　　　　　　　　　　　　　(단위 : cm)

| 부위
크기 | 길이(등
솔선+1) | 가슴둘레 | 화장 | 진동 | 겉섶 | | 고름 | 고름길이 | | 고대 | 깃너비 | 겉깃길이 |
					너비	길이		단	장			
대	28	90	78	22	5.4	10	7	105	120	17	4.2	22
중	27	85	75	21	5.2	9	6.5	100	115	16	4.0	21
소	26	80	72	20	5.0	8	6	95	110	15.5	3.8	20

① 뒷길과 소매

기본치수인 가슴둘레, 등길이, 화장을 이용하여 뒷길과 소매를 그리는데, 저
고리길이는 등길이에서 10~12cm 정도 뺀 길이를 기준으로 잡거나, 참고치수
를 이용하여 그림 Ⅳ-17과 같이 그린다.

배래선은 각이 지지 않도록 매끈한 곡선으로 그린다.

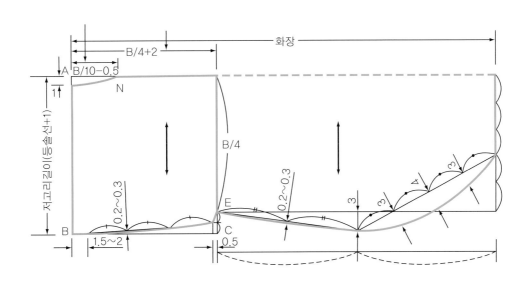

그림 Ⅳ-17. 뒷길과 소매 본뜨기

② 앞길

앞길은 좌우대칭이 아니므로 겉길과 안길을 각각 그린다.

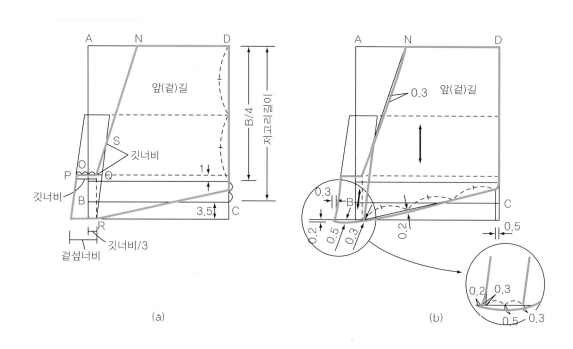

그림 Ⅳ-18. 앞겉길 본뜨기

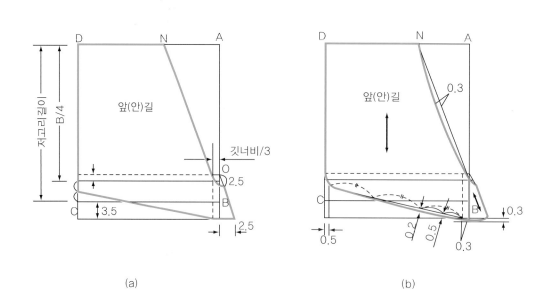

그림 Ⅳ-19. 앞안길 본뜨기

③ 깃

깃길이는 앞뒷길 원형에서 겉깃길이, 고대너비, 안깃길이를 측정하여 깃길이
로 하고, 깃너비(3.8cm)를 정하여 깃을 그린다. 겉깃머리는 둥근곡선으로 곱게
그린다.

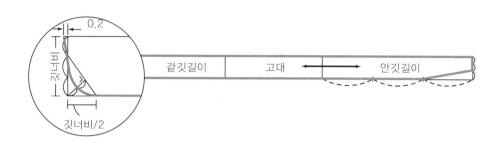

그림 Ⅳ-20. 깃 본뜨기

④ 고름

고름의 너비와 길이는 유행에 따라 변하므로 치수는 임의대로 변경할 수 있
다. 고름을 달 부분은 길이 10~15cm 전에서부터 그림과 같이 옷고름 너비를
줄여 준다.

그림 Ⅳ-21. 옷고름 본뜨기

(2) 마름질

올이 바르지 않거나 구김살이 있는 옷감은 손질을 한 후, 올방향에 맞추어 옷
감의 안쪽에 큰옷본부터 배치해 본 다음에 마름질한다. 등솔, 어깨솔은 시접을
여유있게 넣는다. 안감은 겉감과 똑같이 마르지만 되도록 솔기없이 붙여 마르면
편리하다. 화장이 길 때에는 안감깃, 겉감깃을 따로 마름질한다. 소매배래는
1.5~2cm가 적당하며, 나머지부분은 1cm 정도로 시접을 두는 것이 좋다.

〈재료〉
● 겉감 : 70cm 너비, (뒷길이 + 앞길길이 + 소매너비 × 4) + 시접 = 170~180cm
　　　　110cm 너비, (뒷길길이 + 앞길길이) × 2 + 시접 = 120~125cm
● 안감 : 75cm 너비 이상, (뒷길길이 + 앞길길이 + 시접) × 2 = 120~130cm

〈저고리 배색〉

겉감(겉)　　겉감(안)　　안감(겉)　　안감(안)　　심감

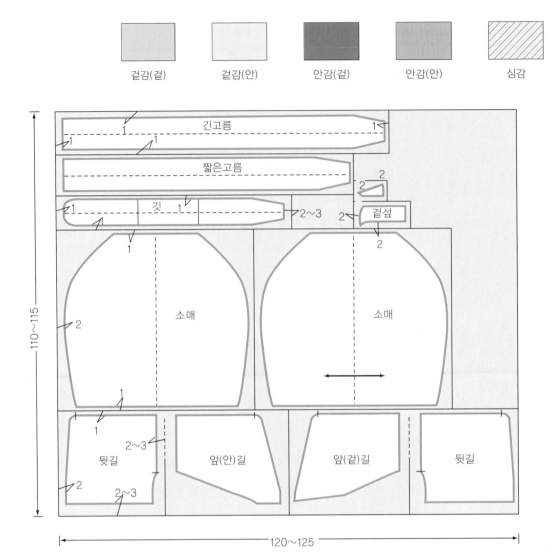

그림 Ⅳ-22. 저고리 마름질(110cm 폭)

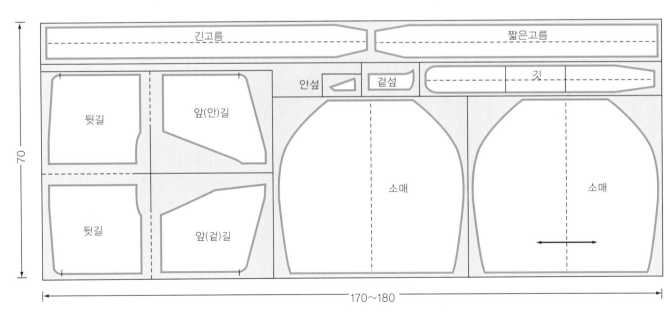

그림 Ⅳ-23. 저고리 마름질(70cm 폭)

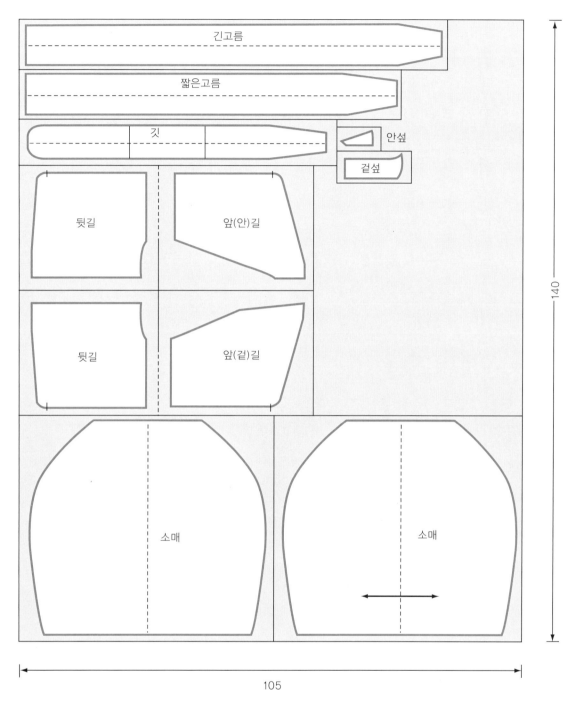

그림 Ⅳ-23. 저고리 마름질(140cm 폭)

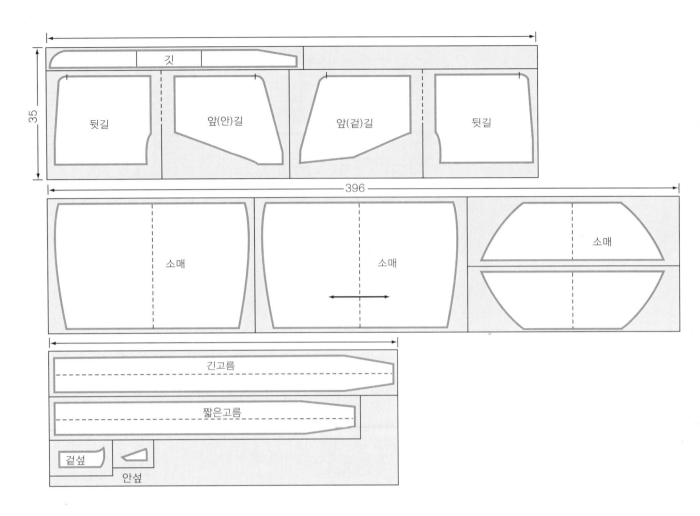

그림 Ⅳ-24. 저고리 마름질(35cm 폭)

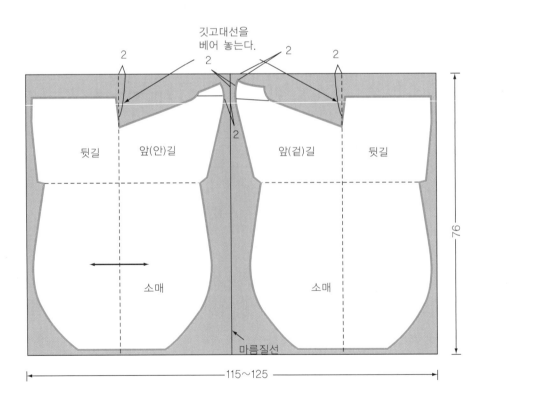

그림 Ⅳ-25. 안감 마름질

(3) 바느질

키가 크고 아주 마른 사람은 참고치수보다 저고리길이를 길게 잡도록 하고, 또 진동길이는 20cm 이상으로 잡는 것이 편안하다. 저고리 뒤가 들리는 경우의 보정법은 등솔기를 0.3~0.5cm 후려 주고, 그래도 들리면 양 옆선에서 줄여 준다. 또 앞품이 작은 경우에는 겉섶을 길 바깥쪽으로 내어 단다.

① 어깨솔하기

앞·뒷길을 겉끼리 마주 닿게 겹쳐 놓고, 고대 치수만 남기고 양쪽 어깨선을 박는다. 이 때 고대쪽 끝은 되돌아 박는다. 시접을 뒷길쪽으로 보내는데, 박은 선에서 안쪽으로 0.1cm 들여서 꺾어 다린다.

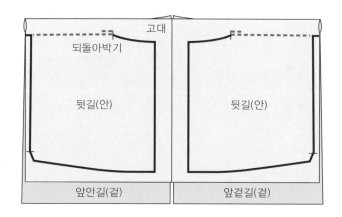

| 그림 IV-25. 어깨솔박기 | 그림 IV-26. 어깨솔 시접꺾어 다리기 |

② 등솔하기

좌우 뒷길을 겉끼리 마주대고 등솔을 박아, 시접을 입어서 오른쪽으로 가도록 꺾어 넘긴다. 이 때에도 박은 선보다 안쪽으로 0.1cm 들여 꺾는다.

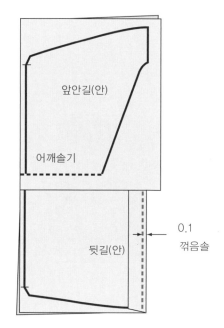

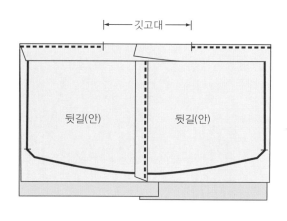

그림 IV-27. 등솔기 박아 꺾어 다리기   그림 IV-28. 등솔, 어깨솔 박아 꺾은 형태

③ 섶달기

(ㄱ) 겉섶

ㄱ 겉섶의 안쪽에 심감을 대고 시침한 후 박은 선을 꺾어 다린다.

ㄴ 섶 시접에 풀을 조금 칠하여 앞겉길의 섶선에 붙인 다음, 섶을 길쪽으로 젖히고 안쪽에서 섶선을 박는다. 시접은 섶쪽으로 꺾는다.

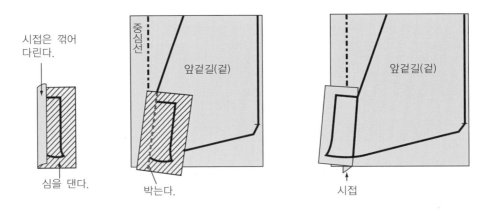

그림 Ⅳ-28. 겉섶달기

(ㄴ) 안섶

ㄱ 섶의 안쪽에 심감을 대고 시침한 다음, 어슨 솔기쪽의 박음선을 꺾어 다린다.

ㄴ 안섶의 어슨 솔기쪽의 시접에 풀을 살짝 발라 중심선에 대고 붙인 후 섶을 젖히고 박는다. 시접은 길쪽으로 꺾는다.

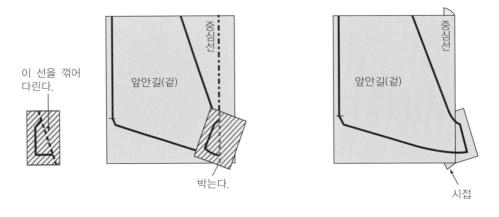

그림 Ⅳ-29. 안섶달기

④ 소매달기

길의 어깨솔기에 소매 중심선을 맞추어 놓고 진동선을 따라 시침한 후 박는
다. 이 때 그림 3-18과 같이 진동치수만 박고, 진동솔기의 양쪽 끝점은 풀리지
않도록 되돌아 박은 다음 솔기는 가름솔로 처리한다.

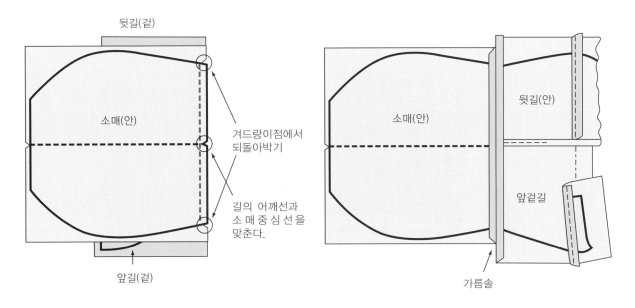

그림 Ⅳ-30. 소매달기

⑤ 안만들기

㉠ 안의 치수와 모양을 겉과 같이 바느질한다. 등솔은 겉감과 반대로 꺾고,
   섶을 달 때는 겉섶과 안섶의 위치를 바꾸어 단다.
㉡ 안감을 섶, 어깨솔, 진동솔을 붙여 마름질한 경우에는 그림 Ⅳ-31과 같이
   등솔선만 박고 여분의 시접은 3cm만 남기고 잘라낸다.

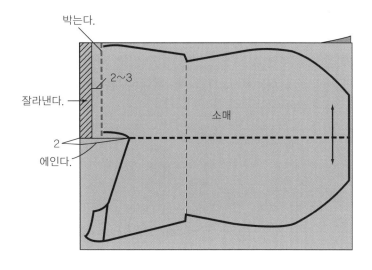

그림 Ⅳ-31. 안만들기(소매와 길을 붙여 마름질한 경우)

⑥ **안팎붙이기**

㉠ 안팎의 겉끼리 맞대고 고대 중심과 등솔선, 어깨선, 진동선, 부리 등을 잘 맞추어 시침한다.

㉡ 도련과 섶을 연결해 박고, 부리를 박는다. 이 때 섶코 부분을 주의해서 정확하게 박는다.

㉢ 시접을 1cm만 남기고 자른 후 겉감쪽으로 꺾어 다린다. 이때 섶코의 모양을 잘 만들어 빼야 한다.

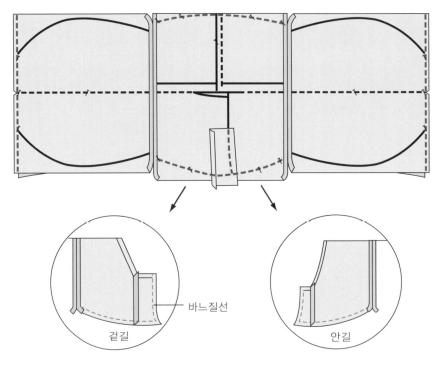

그림 Ⅳ-32. 안팎붙이기

⑦ **섶코만들기**

㉠ 도련의 시접을 1cm 정도 남기고 정리한 다음, 섶도련선에서 시접쪽으로 0.2~0.3cm 떨어져 곱게 홈질해서 곡선이 각이 지지 않도록 골고루 주름을 잡아 오그린다.

㉡ 섶코 윗부분의 시접에 가윗집을 넣고 시접을 겉쪽으로 꺾어 다린 후 뒤집는다. 뒤집은 후 섶코를 뺄 때에는 섶코에 실을 걸어 살짝 잡아당기면서 다림질한다.

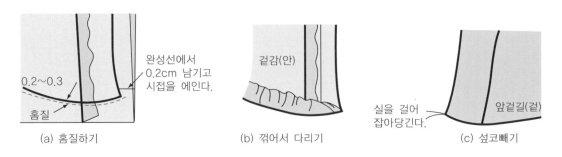

그림 Ⅳ-33. 섶코만들기

⑧ 배래와 옆선하기

㉠ 앞길을 뒤집으면서, 뒤길 사이로 끼워 넣어 안감은 안감끼리, 겉감은 겉감 끼리 맞닿게 하여 4겹이 되도록 접는다.

㉡ 부리의 양 끝점과 옆선을 잘 맞춘 다음, 배래와 옆선을 박는다. 이때 겨드 랑이 부분은 되돌아 2번 박는다.

㉢ 배래의 둥근부분은 시접을 정리한 다음, 완성선에서 0.5cm 떨어져 성글게 홈질하고 잡아당겨 오그린다. 배래와 옆선시접을 겉감쪽으로 꺾어 다린다.

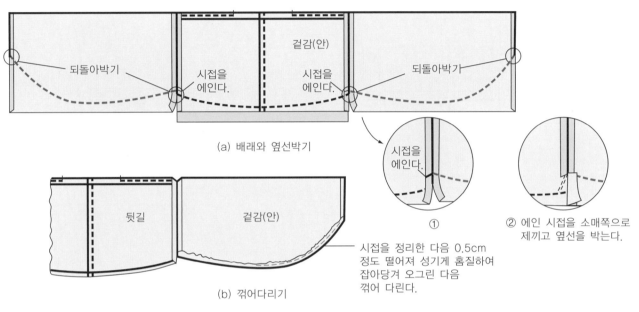

(a) 배래와 옆선박기

① 시접을 에인다.

② 에인 시접을 소매쪽으로 제끼고 옆선을 박는다.

뒷길　　겉감(안)

시접을 정리한 다음 0.5cm 정도 떨어져 성기게 홈질하여 잡아당겨 오그린 다음 꺾어 다린다.

(b) 꺾어다리기

그림 Ⅳ-33. 배래하기

⑨ 뒤집기

겉감의 깃 고대쪽으로 손을 넣어 양쪽 소매를 빼고 길을 뒤집은 다음, 잘 만 져 모양을 정돈한다.

⑩ 깃만들기

㉠ 깃감의 안쪽에 심감을 대고 겉감 깃쪽 완성선 밖으로 0.3cm 내어 느리게 박아 심감을 고정시킨다.

㉡ 깃머리 둥근 곳을 완성선에서 0.2cm씩 떨어져 촘촘하게 홈질을 2줄 한 다음, 각진 시접을 정리한다.

㉢ 깃머리의 곡선을 예쁘게 하기 위해 두꺼운 마분지로 깃본을 만들어 깃머리 에 대고, 홈질한 부분의 시접을 오그린 다음 꺾어 다려 깃의 형태를 고정 시킨다.

박는다.　심감

0.3

겉감깃
안감깃

홈질한다.　0.2 0.2

깃너비

B

마분지로 만든 깃본의 치수

그림 Ⅳ-34. 깃만들기

⑪ 깃달기

(ㄱ) 깃시침하기

ㄱ 깃을 달기 전에 고대 시접은 그림과 같이 명확히 드러나도록 꺾어 놓고 안 팎감이 밀리지 않도록 시침한다.

ㄴ 겉감과 안감 모두 앞길의 깃이 달리는 부분을 깃선에서 깃너비 정도 남기 고 안쪽으로 꺾어 넣은 후 안팎감이 밀리지 않도록 그림과 같이 시침한다. 이 때 얇고 비치는 감일 경우에는 안쪽으로 꺾어 넣지 않고 잘라 버린다.

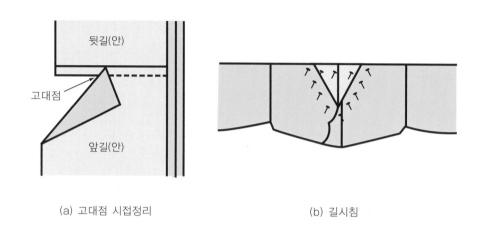

(a) 고대점 시접정리   (b) 길시침

그림 Ⅳ-35. 깃달부분 시침하기

(ㄴ) 깃앉히기

ㄱ 미리 만들어 놓은 깃을 앞길 위에 놓고 깃과 섶의 교점과 고대점을 그림과 같은 순서로 핀 시침한다.

ㄴ 깃머리 부분을 그림의 (a)와 같이 ×표로 징거 놓는다.

ㄷ 겉깃 다음에는 고대, 안깃의 순서로 핀 시침하여 깃을 앉힌다.

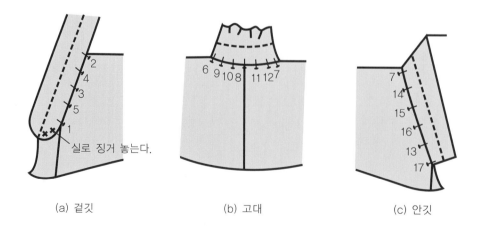

(a) 겉깃   (b) 고대   (c) 안깃

그림 Ⅳ-36. 깃앉히기

(ㄷ) 숨은시침하기

시침핀으로 고정시킨 깃선을 깃머리부터 시작하여 안깃까지 숨은 시침하되, 고대는 2~3번 되돌아 시침한다. 이 부분은 깃을 젖혀 본바느질할 부분이므로 깊이 뜨지 않도록 한다.

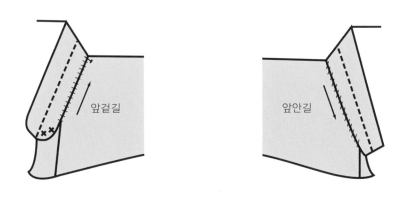

그림 Ⅳ-38. 깃 시침

(ㄹ) 깃선박기

숨은시침하여 고정시킨 것을 길쪽으로 젖히고, 안깃에서부터 겉깃쪽을 향하여 시침질한 깃선을 따라 박는데, 깃머리 부분만 남기고 박는다. 고대점은 재봉틀의 바늘이 꽂힌 상태에서 노루발을 들어 방향을 바꾸어 준 다음 박는다. 늘어나기 쉬운 옷감일 때에는 겉깃은 겉섶머리에서 시작하여 고대깃을 향하여 박고, 안깃도 안섶에서 시작하여 고대를 향하여 박도록 한다. 이 때 어깨솔의 시접이 편평하게 놓이도록 주의한다.

그림 Ⅳ-39. 깃선박기

그림 Ⅳ-40. 깃머리 감침질

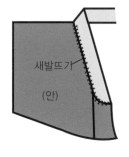

그림 Ⅳ-41. 안감깃 새발뜨기

(ㅁ) 깃머리 바느질하기

㉠ 깃머리는 실땀이 보이지 않도록 손으로 겉에서 숨은 감침질하고, 시침과 X표 징금을 풀어준다. 깃머리는 안에서 숨뜨기하여 고정시키기도 한다.

㉡ 안감깃을 저고리의 안쪽으로 꺾어 넘겨 겉감깃선에 맞추어 시침한 다음 감침질이나 새발뜨기를 한다.

㉢ 깃머리 겉에 깃본을 대고 겉감쪽으로 꺾으면서 깃머리 솔기를 안쪽에서 자근자근 눌러 다려, 깃머리가 입체감 있는 고운 곡선이 되도록 손질한다.

⑫ 고름달기

(ㄱ) 고름만들기

㉠ 심을 댄 고름을 접어 안에서 둘러 박고 시접을 꺾어 다림질한 다음, 막대
기나 자로 뒤집는다.

㉡ 고름 끝의 창구멍은 0.5cm 정도 시접을 접어 놓고 감침질하여 고름을 만
든다.

(a) 고름박기   (b) 창구멍시접

그림 Ⅳ-42. 고름만들기

(ㄴ) 고름달기

㉠ 박은 솔기가 위로 가도록 하여 긴 고름은 겉길에, 짧은 고름은 안길에 달
며 양 끝은 되돌아 박는다.

㉡ 긴 고름은 고름너비의 중심이 겉깃 끝점에 오도록 달고, 짧은 고름은 안길
고대점에서 1cm 정도 떨어져 수직으로 내리고, 긴 고름 위치를 수평으로
이동한 위치에 단다. 고름의 양 끝은 되돌아박기를 한다.

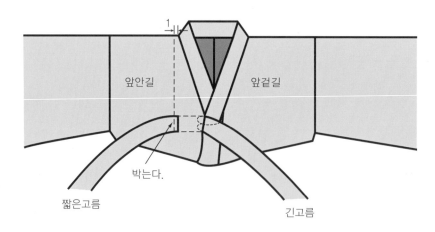

그림 Ⅳ-43. 고름달기

⑬ 마무리하기

㉠ 섶, 도련, 부리는 안이 밀려 나오지 않도록 0.5cm 들여 한땀상침을 하거
나 새발뜨기를 한 다음 솔기가 눌리지 않게 다린다.

㉡ 깃머리에는 깃본을 대고 겉감쪽으로 꺾으면서 다리미나 인두로 다려 입체
감 있는 고운 곡선이 되도록 손질한다.

⑭ 동정달기

㉠ 저고리깃의 안쪽에 동정의 겉을 맞대 놓는데, 겉깃쪽의 동정끝은 겉깃끝에
서 깃너비 만큼 떨어진 위치로 하고, 여기서 시작하여 시접의 1/2선을 성
기게 박거나 홈질한다. 이때 동정시접의 1/2선보다 0.1cm 정도 시접쪽으
로 나가서 박아야 잘 넘어간다.

㉡ 동정을 저고리 겉감, 깃쪽으로 넘겨 꺾은 다음, 안감 깃쪽에서 2cm 정도
간격으로 겉에 실땀이 보이지 않도록 숨뜨기하거나, 겉에서 깃을 꺾어 들
고 공그르듯이 뜨거나 한다.

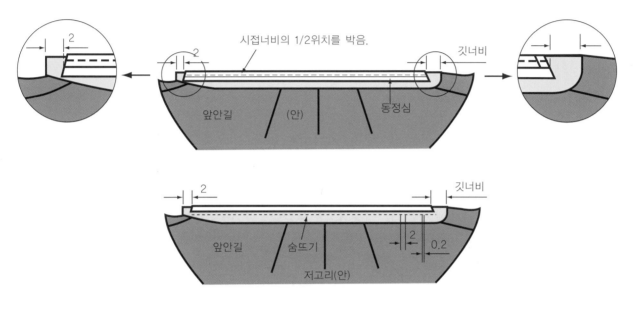

그림 Ⅳ-44. 동정달기

⑮ 뒷정리하기

㉠ 동정니를 맞추고, 섶코가 도련보다 올라가지 않도록 앞길 좌우의 위치를
맞추어 안고름을 단다. 근래에는 안고름 대신 스냅을 달기도 한다.

㉡ 안부터 다려서 안팎이 어울리게 한 다음 겉을 다린다. 저고리를 개는 법은
넣어 두는 장소에 따라 다르나 대개 그림 Ⅳ-46과 같이 한다.

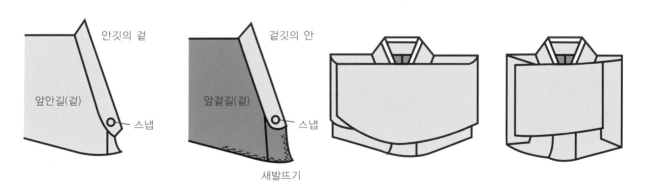

그림 Ⅳ-45. 마무리하기   그림 Ⅳ-46. 저고리 개기

2) 삼회장저고리 만들기

민저고리와 더불어 많이 입는 것은 회장저고리이다. 회장저고리에는 삼회장저고리와 반회장저고리가 있다. 삼회장저고리는 깃, 끝동, 곁마기, 고름을 다른 색으로 한 것이고, 반회장저고리는 깃, 끝동, 고름만을 다른 색으로 하며 곁마기를 대지 않은 것이다.

그러나 요즈음에는 변화를 주기 위해서 깃과 고름, 혹은 끝동과 고름만을 다른색으로 하거나 끝동 또는 고름만을 다른 색으로 하기도 한다.

전통적인 색의 배합은 연두색, 초록색, 노랑색, 옥색 등의 저고리에 자주색 회장감을 사용하였으나 최근에는 이러한 전통적인 색상에 구애받지 않고 동색 또는 보색 계통의 색상으로 배색하여 개성을 살리기도 한다. 곁마기의 크기는 유행이나 체형에 따라 달라질 수 있다.

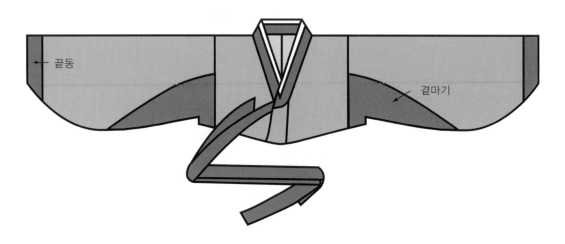

그림 IV-47. 삼회장저고리

(1) 본뜨기

민저고리의 원형에 곁마기와 끝동만을 더한다. 이 때 진동선이 곁마기 때문에 이동하는 것에 주의한다. 곁마기의 크기는 체형에 따라 조절할 수 있다.

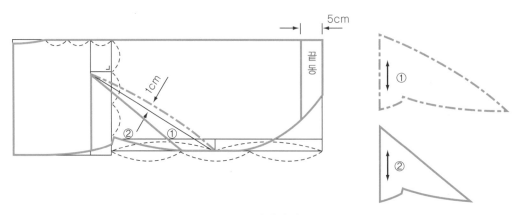

그림 IV-48. 삼회장저고리 본뜨기

(2) 마름질

마름질 방법은 그림과 같은데 특히 곁마기가 가로로 마름질되지 않도록 하고 같은 쪽을 여러 장 마름질하지 않도록 주의한다.

① 회장저고리는 회장감을 따로 준비하여야 하며, 따라서 겉감의 필요량이 민 저고리에 비하여 적게 들므로 미리 정확하게 계산하여야 한다. 삼회장저고 리의 회장감 필요량과 마름질 방법을 그림 Ⅳ-49와 같다. 반회장저고리의 경우에는 이 중에서 곁마기만 없으므로 겉감과 회장감의 필요량이 삼회장 저고리와 같으며 다만 회장감의 남는 부분이 많을 뿐이다.

② 겉감의 마름질 방법은 민저고리와 같으며, 회장감 마름질 방법은 그림 Ⅳ- 49와 같다. 특히 마름질할 때에는 곁마기가 가로로 마름질되자 않도록 하 고 같은 쪽을 여러 장 마름질하지 않도록 주의한다.

〈재료〉

● 겉감 : 110cm 너비, 소매너비×4)+시접=110cm 정도
● 안감 : 겉감과 같음
● 안감 : 7cm 너비 : 110~120cm

〈삼회장저로리 배색〉

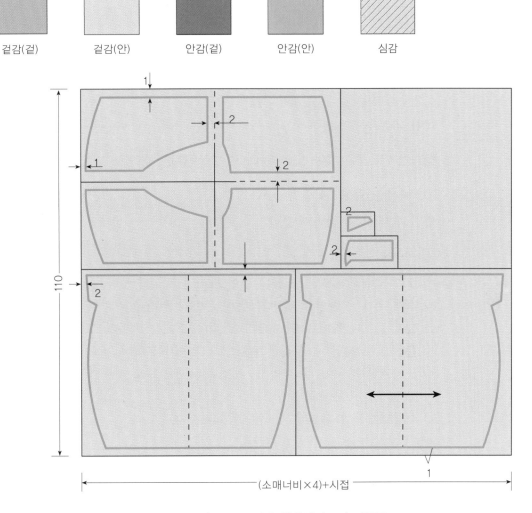

그림 Ⅳ-49. (a) 삼회장저고리 마름질

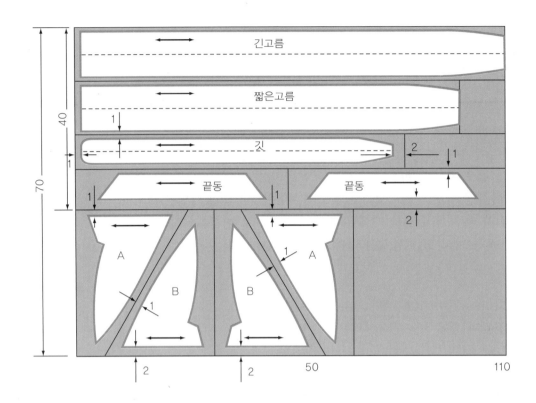

그림 Ⅳ-49. (b) 삼회장저고리 마름질

(3) 바느질

삼회장저고리는 곁마기를 붙이므로 진동선이 길쪽으로 옮겨진다.

① 어깨솔, 등솔, 섶달기

민저고리의 바느질법과 같다.

② 소매만들어 달기

㉠ 곁마기의 곡선 시접을 곱게 꺾어 다리미로 눌러 둔다.

㉡ 소매 위에 곁마기를 붙이기 위해 곁마기 위치를 찾아 올려 놓고 숨은시침 한다. 이 때 짝이 바뀌지 않도록 좌우 소매를 마주 놓고 시침한다. 시침이 끝나면 깃을 달 때와 같은 요령으로 곁마기를 젖혀 놓고 박는다.

㉢ 끝동을 부리쪽에 대고 박고, 시접은 소매쪽으로 꺾어 다리거나 비치는 감 일 때에는 가름솔로 한다.

㉣ 소매달기는 민저고리 바느질 방법과 같다.

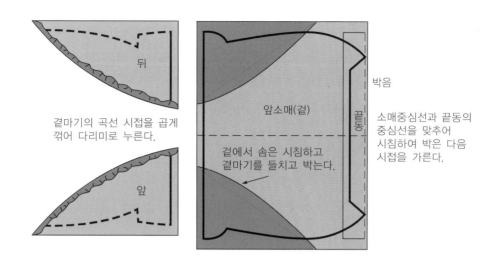

겯마기의 곡선 시접을 곱게 꺾어 다리미로 누른다.

앞소매(겉)

박음

끝동

겉에서 솜은 시침하고 겯마기를 들치고 박는다.

소매중심선과 끝동의 중심선을 맞추어 시침하여 박은 다음 시접을 가른다.

뒤

앞

그림 Ⅳ-50. 겯마기붙이기와 끝동달기

③ 안만들기와 부리, 도련박기

민저고리의 바느질 방법과 같다.

④ 배래하기

배래를 박을 때에는 앞뒤의 겯마기선과 끝동선이 배래선에서 서로 어긋나지 않고 잘 맞도록 주의해야 하며, 그림 Ⅳ-51과 같이 겨드랑이는 울지 않도록 둥글게 박은 다음, 시접은 겨드랑이 끝점을 향하여 0.3cm 정도 남기고 가윗밥을 낸다.

배래의 시접정리는 민저고리 만드는 법을 참조한다.

⑤ 깃달기

회장감으로 깃을 만들어 깃선을 따라 단다.

⑥ 고름달기

회장감으로 고름을 만들어 정해진 위치에 단다.

⑦ 마무리하기

동정을 달고 마무리하기는 민저고리 만드는 방법을 참조한다.

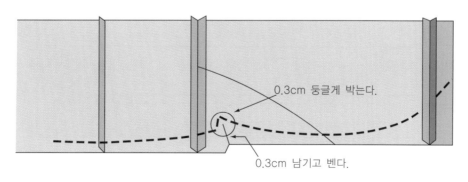

0.3cm 둥글게 박는다.

0.3cm 남기고 벤다.

그림 Ⅳ-51. 삼회장저고리 배래하기

3) 깨끼저고리 만들기

깨끼저고리는 비치는 얇은 옷감을 두 겹으로 하여 곱솔로 바느질한 저고리이다. 바느질이 어렵고 까다로워 예전에는 잘 입지 않았으나 근래에는 여름용 외출복이나 예복 등으로 많이 입혀진다.

(1) 본뜨기

〈깨끼저고리 배색〉

겉감(겉)   겉감(안)

안감(겉)   안감(안)

심감

깨끼저고리의 제도법은 민저고리의 경우와 같다.

(2) 마름질

㉠ 겉감은 어깨솔기는 하지 않고 앞뒷길의 어깨를 붙여서 마름질한다.

㉡ 안감은 어깨뿐 아니라 소매와 섶을 길게 붙여서 마름질하여 등솔만 박으면 되도록 한다.

㉢ 각 부분에 1cm씩 두고 마름질한다. 부리는 진동시접을 포함하여 1.5cm 둔다.

〈재료〉

● 겉감 : 110cm 너비, (뒷길길이 + 앞길길이 + 시접) × 2 = 120cm 정도
● 안감 : 겉감과 같음

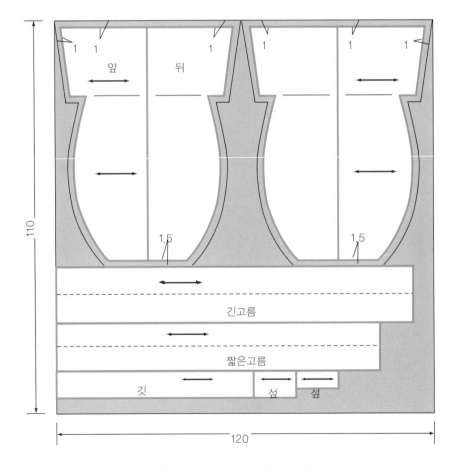

그림 Ⅳ-52. 깨끼저고리 마름질

(3) 바느질

① 겉만들기

㉠ 등솔, 겉섶, 안섶을 3번 곱솔로 박는다(그림 Ⅳ-53 참조). 곱솔로 박을 때
   는 완성선보다 시접쪽으로 0.3cm 나가서 박기 시작한다.

㉡ 진동솔기는 진동선을 꺾어 0.3cm 너비로 박아 길쪽으로 꺾어 다린다.

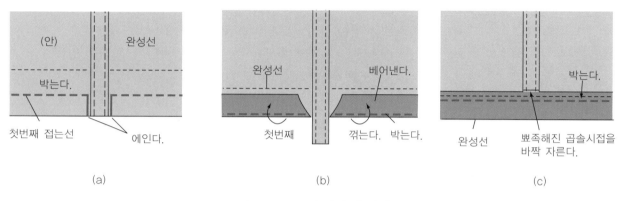

그림 Ⅳ-53. 곱솔의 솔기 처리법

② 안만들기

안감은 소매, 섶을 모두 붙여 마름질하였으므로, 등솔만 겉감과 같은 방법으
로 곱솔로 박는다. 시접은 겉감과 반대 방향으로 꺾는다.

③ 안팎붙이기

㉠ 안팎감을 겉끼리 맞대어 고대중심과 등솔선을 잘 맞추어 시침한 후 도련과
   섶, 부리를 곱솔로 곱게 박는다. 보통 도련과 부리는 2번 곱솔로 박는다.

㉡ 도련은 곡선이므로 늘어나지 않도록 주의하여야 한다. 곡선을 박을 때에는
   올 방향으로 옷감을 당기며 박고, 곡선 시접을 꺾을 때에는 늘어나지 않도
   록 약간 오그리면서 시접을 꺾은 후 박는다.

㉢ 섶코를 예쁘게 하기 위해서는 섶, 도련을 한 번 박은 다음, 그림 Ⅳ-54와
   같이 시접을 ①, ②, ③순으로 잘 만져 꺾어 다린다. 다시 한 번 섶선과 도
   련선을 박은 다음 시접을 베어낸다.

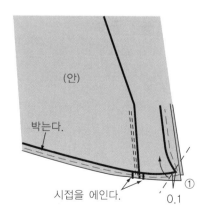
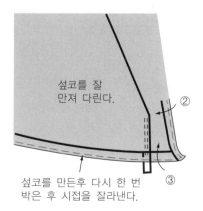

그림 Ⅳ-54. 섶코만들기

㉣ 배래와 옆선하기

● 겉섶과 안섶을 빼내고 앞도련을 먼저 뒤집은 후 안팎 뒷길 사이로 앞길을 끼워 넣는다.

● 안팎 어깨선과 소매 중심선을 맞추어 배래를 시침하고 곱솔로 곱게 박는다. 이때 안감이 겉감보다 0.3cm 적게 되도록 하고, 배래는 두꺼우므로 0.4cm 나가서 박기 시작한다.

㉤ 뒤집기

● 고대쪽으로 뒤집어 잘 만져 배래 모양이 예쁘게 나오도록 한다.

● 섶코는 실을 꿰어 끝이 뾰족하게 나오도록 잡아당겨 모양을 정돈한다. 이때 깃달리는 곳은 안팎이 움직이지 않게 시침하여 둔다.

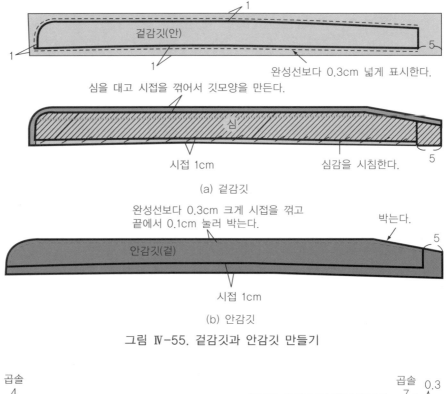

그림 Ⅳ-55. 겉감깃과 안감깃 만들기

그림 Ⅳ-56. 겉감깃과 안감깃 붙이기

㉥ 깃만들기와 앉히기

● 겉감깃과 안감깃을 따로 완성선보다 0.3cm 크게 꺾어 만든다. 이때 겉감깃에는 심을 댄다. 먼저 겉감깃과 안감깃을 깃머리쪽을 7cm 까지 곱솔로 하여 붙인다. 안섶끝쪽 깃도 4cm 곱솔로 박는다.

● 겉감깃을 깃선보다 시접쪽으로 0.3cm 바깥쪽으로 놓고, 그림 Ⅳ-57(a)와 같이 시침 바늘로 고정시킨 다음, 민저고리의 경우와 같이 숨은시침하고

깃을 들쳐서 박아 깃의 위치를 고정시킨다. 다시 그림 (b)와 같이 겉감깃만 겉에서 전체를 얕이 눌러 박는다.

- 깃머리쪽의 깃선을 안쪽에서 꼬집어 싸서 박고, 시접을 베어낸 다음 깃쪽으로 꺾는다. 이때 섶머리가 늘어나지 않도록 섶쪽을 오그리고 박는다(그림 Ⅳ-58).
- 겉감깃에 안감깃을 붙이기 위해 앞길 겉에서 섶코를 잡고 2~3번 꼬아, 마치 싸매듯이 앞길을 겉감깃과 안감깃 사이에 말아 넣은 다음 안감깃으로 겉감깃을 덮어 놓고 시침하여 돌려 박는다.
- 겉감깃과 안감깃이 양쪽 모두 잘 박혔는지 확인한 다음, 겉감깃과 안감깃의 시접을 베어내고 앞길을 잡아 빼서 정리한다.
- 겉감깃, 안감깃을 합쳐 시침한 다음, 동정쪽으로 0.3cm 떨어져 박는다.

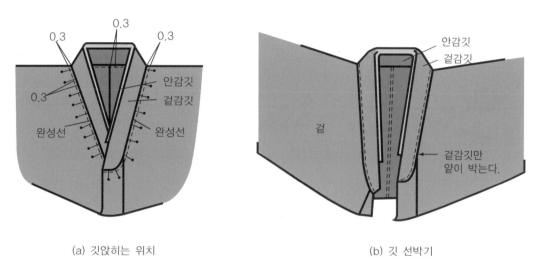

(a) 깃앉히는 위치   (b) 깃 선박기

그림 Ⅳ-57. 깃앉히기

㊂ 고름 · 동정달기

고름은 곱솔로 하여 정해진 위치에 달고 동정은 겹저고리와 같이 단다.

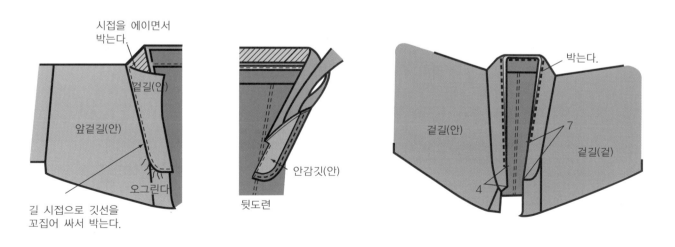

그림 Ⅳ-58. 깃선 곱박기   그림 Ⅳ-59. 앞길 넣고 겉감깃,
                                안감깃 박기

그림 Ⅳ-60. 앞길 잡아빼서 박기

4) 적삼 만들기

적삼은 홑겹으로 만들어 여름 또는 늦은 봄이나 초가을에 입는 저고리 모양의 웃옷이다. 솔기를 가늘고 깨끗하게 처리하여 통째로 빨아 입을 수 있는 것이 특징이다. 적삼의 종류에는 겉에 입는 적삼과 저고리밑에 받쳐 입는 속적삼이 있으며, 옷감의 종류에 따라서는 사(아사, 은조사, 춘사, 고사 등)와 같은 얇은 감으로 만든 사 적삼 이외에도 무명으로 만든 목적삼, 모시로 만든 모시 적삼 등이 있다.

바느질법은 옷감에 따라 달라서, 무명 따위는 시접이 쉽게 풀리지 않는 감이므로 여러 겹 박지 않아도 되는데, 삼베나 모시는 세탁에 약하므로 곱솔로 한다. 여기에서는 모시나 삼베 적삼 만드는 법을 알아보기로 한다.

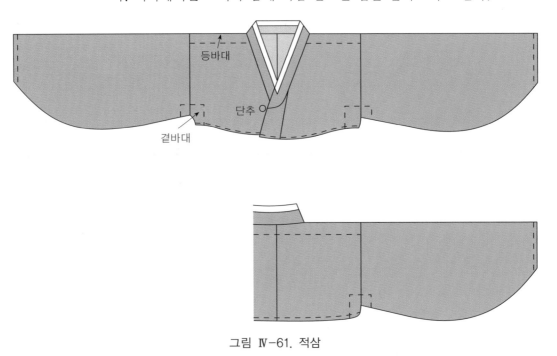

그림 Ⅳ-61. 적삼

(1) 본뜨기

적삼의 본뜨기는 저고리 본뜨기와 같으나 등바대, 곁바대를 붙이는 것만 다르다. 치수는 저고리와 같게 하여도 무방하지만 길이, 품, 화장을 각각 조금씩 작게 하는 것이 좋다.

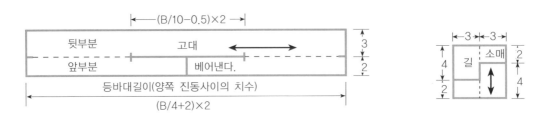

그림 Ⅳ-62. 등바대와 곁바대 본뜨기

(2) 마름질

㉠ 깨끼저고리의 마름질과 같으므로 시접을 1cm씩만 남기고 마름질하여 완
   성선을 표시한다.
㉡ 어깨는 앞뒷길의 어깨를 붙여서 마른다.
㉢ 등바대와 곁바대는 저고리 길을 마를 때와 같은 방향으로 말라야 빨아도
   모양이 변하지 않는다. 식서를 이용할 때에는 반대로 하기도 한다.

〈재료〉

● 겉감 : 110cm 너비, 소매너비 × 4 + 시접 = 120cm

〈적삼의 배색〉

※ 적삼은 홑겹으로 겉과 안, 바대부분이 모두 동일한 색상의 천을 사용하지
   만 이해를 돕기 위해 색상을 구분하였다.

| 겉감(겉) | 겉감(안) | 심감 | 바대표시 |

(3) 바느질

삼베나 모시 적삼은 완성선이 늘어나기 쉬우므로 노방이나 고운 아사로 심을
대서 곱솔바느질을 한 후 심을 잘라내는 것이 좋다. 보통 섶과 등솔은 3번 박고
나머지 솔기는 2번 박는다.

① 등솔박기

곱솔로 박는다.

② 등바대대기

등바대의 시접을 한 번 꺾어 박고 시접을 베어낸 후 다시 꺾어 길에 대고 박
는다. 이 때 등바대를 적삼의 어깨선에 잘 맞추어 앞쪽으로 2cm, 위쪽으로
3cm 정도 되도록 한다.

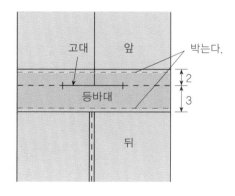

그림 Ⅳ-63. 등바대대기

③ 섶달기, 소매달기

앞섶, 겉섶, 진동 모두 곱솔로 한다.

④ 곁바대대기

㉠ 곁바대는 앞에만 대거나 앞뒤에 모두 대기도 하며, 외출복으로 할 경우에는 곁바대를 대지 않기도 한다.

㉡ 곁바대의 시접을 꺾어 다려 적삼의 겨드랑이에 잘 맞추어 댄 다음, 밑만 남기고 박는다.

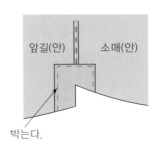

그림 Ⅳ-64. 곁바대대기

⑤ 부리, 도련, 배래하기

도련과 섶코는 늘어나기 쉬우므로 노방이나 마사 심을 대고 곱꺾어 박은 다음 남은 시접은 잘라낸다. 배래는 곱솔로 한다.

⑥ 깃만들기와 달기

깃만들기와 달기는 깨끼저고리의 경우와 같다.

⑦ 단추와 단추고리달기

㉠ 겉깃쪽에 단추를 달고, 오른쪽 길에는 단추고리를 만들어 단다.

㉡ 단추는 매듭단추나 복숭아 단추를 달며, 단추고리를 달 때는 안쪽에 헝겊을 대어 튼튼하게 한다.

㉢ 매듭단추는 40cm 가량의 헝겊을 가늘게 접어 끈을 만들어 맺는다.

⑧ 동정달기

동정은 겹저고리와 같이 단다.

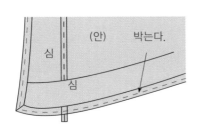

(a) 심을 대고 도련선에서 0.3cm 밖의 시접선을 꺾어 올려 얕이 박는다.

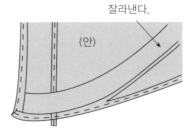

(b) 남은 심과 시접을 잘라낸다.

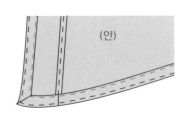

(c) 다시 한 번 접어 박는다.

그림 Ⅳ-65. 도련하기

5) 남자저고리 만들기

남자 저고리는 여자 저고리보다 전체적으로 큼직하여 바느질하기가 비교적
쉬우며 여자 저고리보다 배래와 도련의 곡선이 강하지 않다.

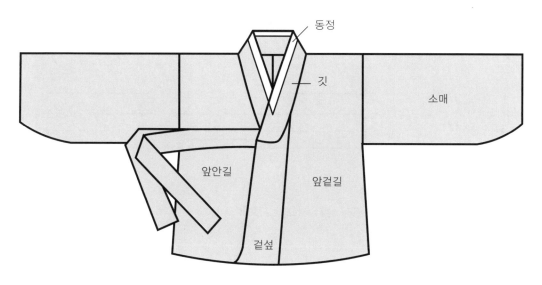

그림 IV-66. 남자 저고리의 형태

(1) 본뜨기

표 IV-2. 여자 저고리의 참고치수   (단위 : cm)

부위 크기	저고리 길이	가슴둘레	화장	고대	진동	깃		겉섶너비		안섶너비	
						너비	길이	상	하	상	하
대	65	100	79	19	27	8	28	9	12	5	8.5
중	60	95	76	18	26	7.5	26	8.5	11.5	4.5	7.5
소	55	90	73	17	25	7	27	7.5	10.5	4	7

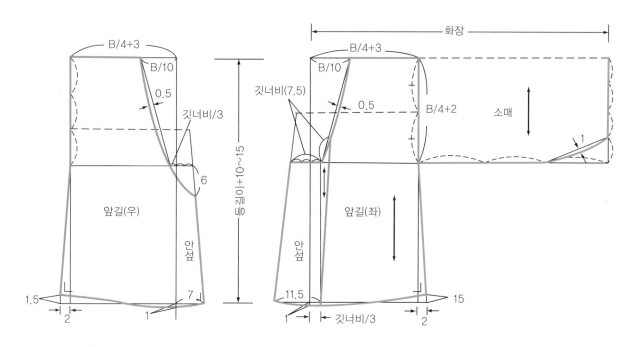

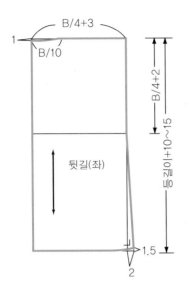

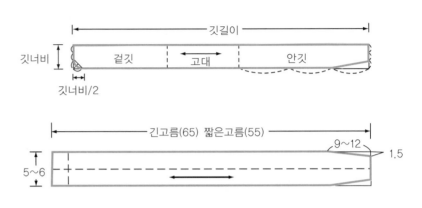

그림 Ⅳ-67. 남자 저고리 본뜨기

(2) 마름질

〈재료〉

● 겉감 : 90cm 너비, (길이 × 2)+(소매너비 × 4) + 시접 = 230~240cm
　　　　110cm 너비, (길이 × 2)+(소매너비 × 2) + 시접 = 180~190cm
● 안감 : 겉감과 같은 분량

(3) 본바느질

남자 저고리의 마름질과 본바느질은 여자 저고리를 참조한다.

6) 여아 색동저고리 만들기

색동저고리는 돌이나 명절에 어린아이에게 입히는 저고리로 남녀 구별없이 입는 옷이며 '까치저고리'라고도 한다. 색동의 색은 음양오행설에서 유래한 것으로 액땜을 하고 복을 비는 의미로 온 우주를 상징하는 오방색〈청(동), 백(서), 황(중앙), 적(남), 흑(북)〉 옷감을 이어 붙여서 소매를 달아 색동저고리를 만들어 입힌다. 색동은 저고리의 소매부분에 주로 쓰이며 요즘은 깃·고름·끝동 등에 금박을 찍어 화사하게 보이게도 한다.

돌날 입는 색동저고리에는 남아는 남색, 여아는 자주색 돌띠를 달아준다.

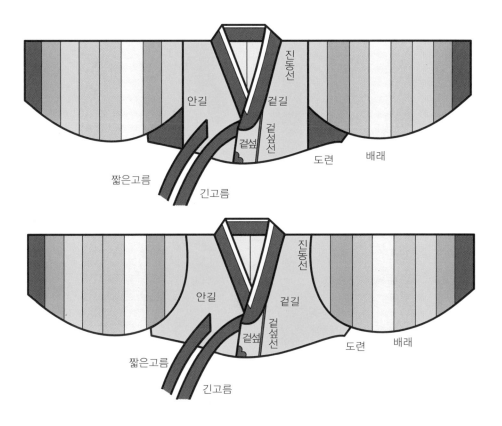

그림 Ⅳ-68. 색동저고리 형태와 부분명칭

(1) 본뜨기

본뜨기에 필요한 기본치수는 가슴둘레, 등길이, 화장이다.

본뜨기는 성인 여자 저고리를 참조하도록 한다.

단 진동선이 어깨너비의 절반만큼 중심으로 들어오며 곡선으로 곱게 굴려준다. 이동된 진동선을 도련까지 연결하여 곁마기 부분을 그려준다.

요즈음에는 곁마기를 붙여 마름질하기도 한다.

표 Ⅳ-3. 여자어린이 색동저고리 참고치수 (단위 : cm)

부위\크기	길이(등솔선+1)	가슴둘레	화장	겉섶너비	고대	깃너비	고름	고름길이	
								단	장
1~2세	18	50	37	4	11	3	3.5	50	55
4~5세	20	58	45	4.5	11.6	3.5	4	60	65

① 뒷길과 소매

기본 치수인 가슴둘레, 등길이, 화장을 이용하여 뒷길과 소매를 그리는데 진동선을 어깨너비의 절반만큼 중심쪽으로 이동하며, 도련선까지 연장하여 준다. 소매진동은 곡선으로 굴려준다.

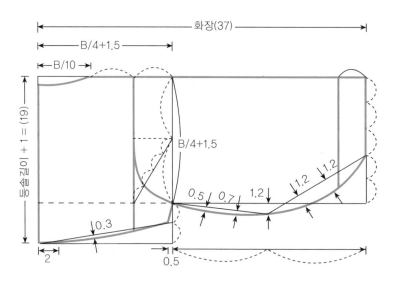

그림 Ⅳ-69. 뒷길과 소매 본뜨기

② 앞길

앞길은 좌우대칭이 아니므로 겉길과 안길을 각각 그린다.

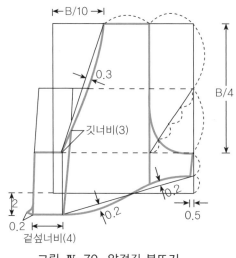

그림 Ⅳ-70. 앞겉길 본뜨기

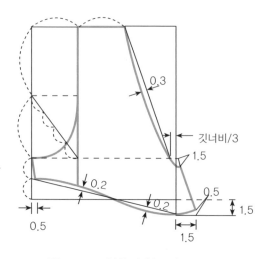

그림 Ⅳ-71. 앞안길 본뜨기

③ 깃과 고름

깃과 고름은 성인 여자 저고리와 같은 방법으로 아래의 치수를 본뜬다.

- 긴고름   55×3.5cm
- 짧은고름 50×3.5cm
- 깃   45×3cm

(2) 마름질

마름질 방법은 아래의 그림과 같으며, 소매는 여러 색을 이어 붙이거나 색동 천을 이용하고 이 때 좌우 색동을 잘 맞추어 마르도록 한다. 깃, 끝동, 고름과 곁마기는 회장감으로 마른다.

〈재료〉

- 겉감 : 길과 섶 : 45cm 너비(뒷길길이 + 앞길길이 + 시접) = 50~60cm

  색동소매 : 45cm 너비(소매너비 × 4) + 시접 = 75~80cm

  회장감(깃, 고름, 끝동, 곁마기) : 45cm 너비 = 60~65cm
- 안감 : 90cm 너비=45~50cm

〈색동저고리 배색〉

| 겉감(겉) | 겉감(안) | 회장(겉) | 회장(안) | 색동(겉) | 색동(안) |

① 길과 섶

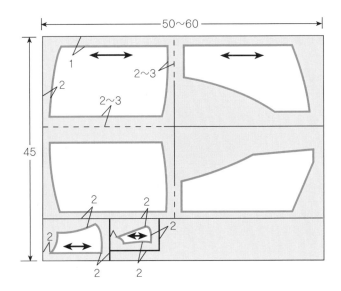

그림 Ⅳ-72. 길과 섶 마름질

② 소매

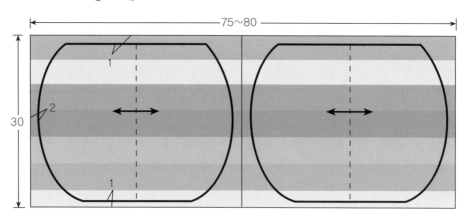

그림 Ⅳ-73. 소매 마름질

③ 회장감(깃, 고름, 끝동, 곁마기)

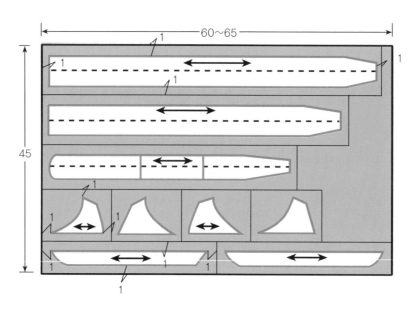

그림 Ⅳ-74. 회장감 마름질

④ 안감

안감은 길과 소매, 섶을 한 번에 연결하여 마른다.

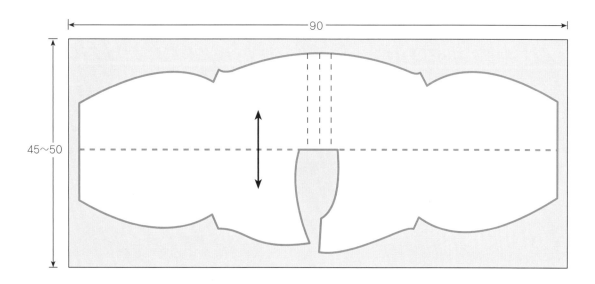

그림 Ⅳ-75. 안감 마름질

(3) 바느질

① 어깨솔, 등솔하기

등솔에 선물리기를 해 준다. 나머지는 민저고리의 바느질법과 같다.

② 섶달기

섶코부분에는 끝동과 같은 색으로 그림 Ⅳ-76과 같이 장식해 준다.

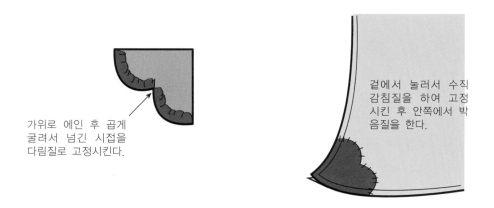

가위로 에인 후 곱게
굴려서 넘긴 시접을
다림질로 고정시킨다.

겉에서 눌러서 수직
감침질을 하여 고정
시킨 후 안쪽에서 박
음질을 한다.

그림 Ⅳ-76. 섶코 장식천대기

민저고리의 바느질법과 같으나 길과 섶 사이에 그림 Ⅳ-77과 같이 선물리기
를 하여 섶을 달아준다.

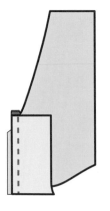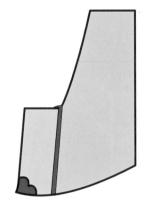

그림 Ⅳ-77. 선 대기

③ 곁마기 대기

곁마기를 앞길과 뒷길 각각에 대고 박은 후 시접은 곁마기쪽으로 꺾는다.

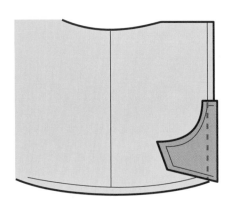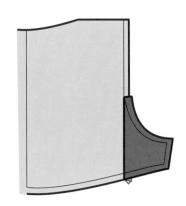

그림 Ⅳ-77. 곁마기 대기

④ 끝동달기

소매너비의 중심과 끝동을 중심을 맞춰 시침하고 완성선을 박는다. 시접은 소매쪽으로 꺾거나 가른다.

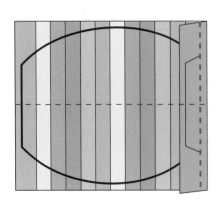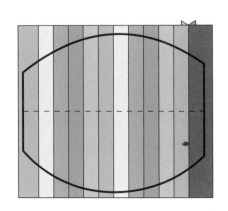

그림 Ⅳ-78. 끝동달기

⑤ 소매달기

소매의 둥근 진동선은 원형을 놓고 그린다. 소매의 둥근 진동선을 꺾어 다린다. 꺾어 다린 소매를 겉길에 대고 소매의 중심선과 길의 어깨선을 잘 맞춘 후 직각으로 시친 다음 진동선을 박는다.

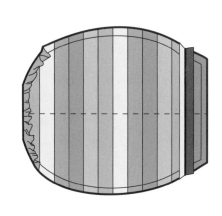 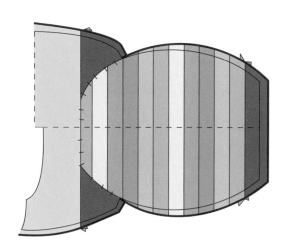

그림 Ⅳ-79. 소매달기

⑥ 안감 하기

안감은 길과 소매, 섶을 한 번에 연결하여 마름질했기 때문에 등솔만 박아준다.

⑦ 도련, 부리, 배래박기

안감과 겉감을 잘 맞추고 도련과 부리를 박는다.

⑧ 깃, 고름, 동정 달기

성인 여자 저고리를 참고하여 깃, 고름, 동정을 단다.

2. 치마

<치마의 역사적 변천>

치마는 하의(下衣)로서 허리. 끈. 치마의 부분으로 구성된다. 치마라는 용어가 처음 나타난 것은 '훈몽학회"(訓夢學會)의 '쵸마'이고 치마의 한자표기는 적마(赤亇)이고 조선초기 세종조(世宗祖)의 '저고리'란 용어가 처음 사용되었다.

치마의 변천을 보면 다음과 같다.

■ 고대(古代)의 치마

삼국시대 치마에 대해 사용한 용어로는 군(裙)을 들 수 있다. 통일시대에 들어와 상(裳)이라는 용어를 볼 수 있는 표상(表裳)과 내상(內裳)으로 구분되어 있다.

이들 치마는 고구려 고분벽화에서 여인들이 착용하고 있음을 볼 수 있다.

① 평상복용의 짧은 치마

② 긴치마 : 주름이 많이 잡힌 긴치마는 흔히 볼 수 있다.

③ 선두른 예복용 치마 : 치마에 선을 두른 것은 예복으로 볼 수 있고 이것은 후에 스란치마로 전승되어 온 듯하다.

④ 색동 치마: 5세기에 있어서 수산리 고분의 귀부인 색동치마는 현재는 입고 있지 않는 것으로 일본의 고송총(高松塚)의 색동치마와 중국 서안(西安)벽화에서도 볼 수 있다. 이와 유사한 치마는 서ㆍ중앙아시아 지역에서도 산견(散見)된다.

그림 Ⅳ-80. 귀부인 : 색동치마
(수산리 고분벽화)

■ 고려의 치마

고려시대의 치마에 대해서는 문헌에 상과 군이 같은 의미로 사용되고 있다. 또 실제로 볼 수 있는 자료는 거의 없고 고려 불화나 해인사 목판화 등에 긴치마를 착용한 예를 볼 수 있다.

그림 Ⅳ-81. 고려시대의 치마
(수월관음도 : 팔부중공양, 일본대덕사 소장)

■ 조선의 치마

한국의 전통 복식 중에서 오랜 기간동안 가장 변화가 적었던 것이 치마라고 할 수 있다.

조선초기의 치마로 안동김씨 수의치마가 있는데 형태는 근세의 치마와 다름이 없으나 치마길이가 몹시 짧다. 이것은 저고리의 길이가 길었으므로 허리선에서 치마를 입은 것을 알 수 있다. 조선시대 초기와 중기에는 겉치마로 솜치마, 솜누비치마, 겹치마 등이 입혀졌으나 후기에 와서 솜치마, 누비치마 등은 없어지고 겹치마만 입혀졌다.

예복용 치마로는 스란치마와 대란치마가 있는데 이것은 치마단에 스란단을 붙인 것인데 초기에는 금사(金絲)를 직금(織金)하여 짰으나 말기에는 금박(金泊)을 찍어서 만들었다.

스란단을 한층 붙인 것을 스란치마, 2층 붙인 것을 대란치마라 하고 스란치마는 소례복에, 대란치마는 대례복에 사용하였다. 스란단의 금박무늬는 계급에 따라 달랐는데 왕비는 용문(龍紋). 공주, 옹주는 봉황문(鳳凰紋). 사녀(士女)는 글자와 화문(花紋)을 사용하였다. 이러한 스란. 대란치마는 편상복 1 마보다 비단폭을 한폭 더 한 것으로 넓게 하고 길이도 30cm 이상 땅에 끌리도록 하였다. 그 밖에 하천인들은 두루치라는 치마를 입었는데 이것은 일반인들의 치마보다 폭이 좁고 길이가 짧으며, 종아리를 가리지 못할 정도였다.

그림 Ⅳ-82. 치마(창덕궁소장)

1) 자락치마 만들기

치마는 모양에 따라 자락치마, 통치마 등으로 나누며, 짓는 방법에 따라 겹치마, 홑치마, 깨끼치마, 솜치마, 누비치마 등이 있다.

치마허리는 말기허리와 조끼허리의 두 종류를 사용한다. 요즈음에는 속치마를 조끼허리로 만들어 사용하므로, 겉치마에는 말기허리를 사용하는 것이 겹치지 않아 좋다.

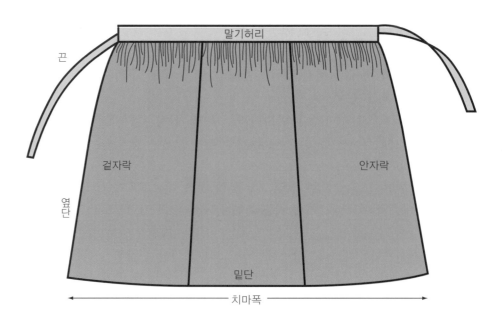

그림 Ⅳ-83. 자락치마의 형태와 부분명칭

(1) 본뜨기

치마 본뜨기의 필요한 치수는 치마길이와 가슴둘레이다. 치마의 허리는 개량된 조끼허리를 쓰기도 하지만 요즈음에는 속치마의 허리가 조끼허리로 되어 있으므로 말기허리를 사용하면 중복되지 않아 좋다. 뒤트기 조끼허리의 본뜨기는 그림 Ⅳ-85를 참조한다.

① 말기허리

치마말기허리의 너비는 저고리 길이가 길어질수록 넓어진다. 어깨끈을 달 때에는 1cm 너비로 앞뒤 가슴둘레선에서 어깨선까지의 길이보다 4cm 짧게 한다.

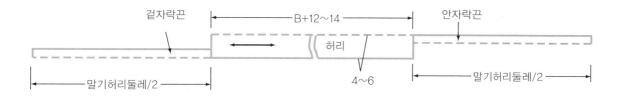

그림 Ⅳ-84. 말기허리 본뜨기

② 치마폭

발목까지 오는 정도의 활동적인 자락치마는 폭이 그다지 넓지 않아도 되므로 본을 뜨지 않고 직접 마름질할 수도 있다. 그러나 예복으로 쓸 자락치마는 바닥까지 오는 길이에 폭이 넓어야 우아하므로 옷감의 폭과 양에 따라 치마의 윗너비를 잘라내어 허리둘레를 줄여 밑단쪽이 퍼지게 한다. 옷감의 폭이 좁을 때에는 안자락의 여미는 부분에 주름을 잡지 않기도 한다.

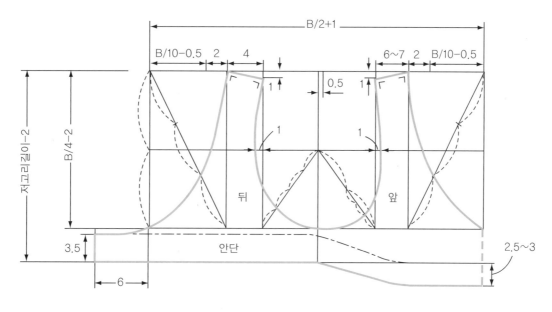

그림 Ⅳ-85. 뒤트기 조끼허리 본뜨기

(2) 마름질

㉠ 자락치마

치마단과 겉자락, 안자락에는 3cm의 시접을 넣고 주름잡는 허리에는 2cm시접을 넣는다. 안감의 길이는 겉감보다 3cm 짧게 마름질하고, 폭은 6cm 좁게 마름질한다.

㉡ 폭넓은 자락치마

작업복으로 사용할 자락치마가 아닌 경우는 폭이 넓어야 실루엣이 아름답다. 그러나 치마폭을 넓게 하면 허리부분이 뚱뚱해지므로 개량된 재단법을 사용하기도 한다. 무늬가 있을 때는 아래 위를 잘 맞추어야 한다. 폭넓은 자락치마는 가슴둘레를 기준으로 옷감의 폭과 양에 따라 너비를 잘라내어 허리둘레를 줄여 준다. 예를 들어 치마허리둘레 94cm인 사람이 110cm 폭의 옷감 3폭을 가지고 6폭치마를 만든 경우 잘라내는 시접을 계산해 보기로 한다.

주름잡을 치마폭 : (치마허리둘레 × 2.2) + (시접개수 × 1),

즉 (94 × 2.2) + 12 ≒ 218

잘라낼 허리분량 : 옷감둘레 − 주름잡을 치마폭, 즉 330 − 218 ≒ 112

1개의 잘라내는 허리분량 : 112 ÷ 10 ≒ 11

따라서 11cm씩 잘라내면 된다.

〈재료〉

● 겉감 : 110cm 너비, (치마길이 + 시접) × 3 = 345~360cm
● 안감 : 110cm 너비, (치마길이 − 3 + 시접) × 3 = 335~350cm
● 허리감

〈자락치마 배색〉

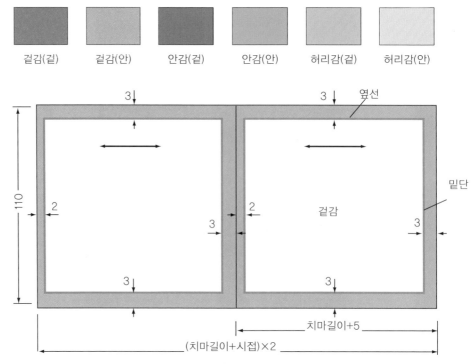

그림 Ⅳ-86. 폭좁은 치마 마름질(110cm폭)

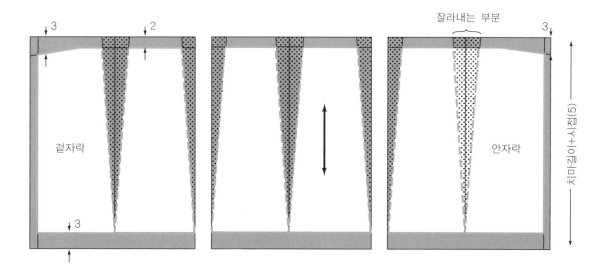

그림 Ⅳ-87. 폭넓은 치마 마름질

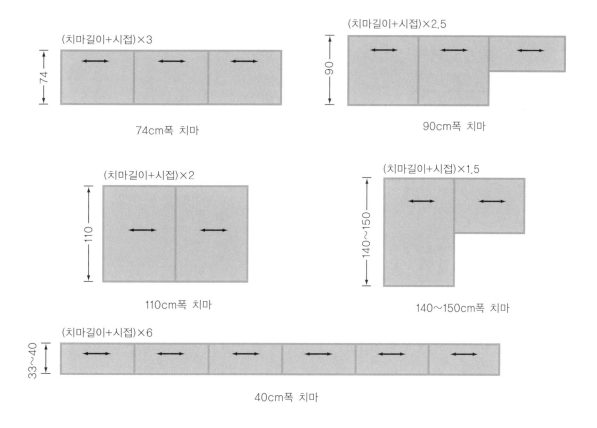

그림 Ⅳ-88. 옷감의 너비에 따른 마름질

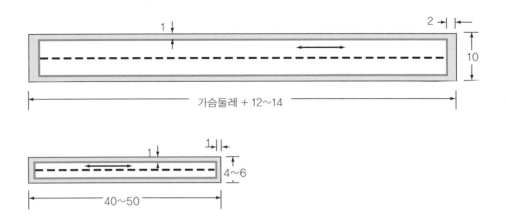

그림 Ⅳ-89. 말기허리, 끈마름질

(3) 바느질

① 치마허리만들기

㉠ 끈을 박고 박은 선에서 0.1cm 안으로 꺾어 다린 후 뒤집는다.

㉡ 허리 옆솔기에 그림 Ⅳ-90과 같이 끈을 끼워 넣고 박은 후 겉으로 뒤집어
놓는다.

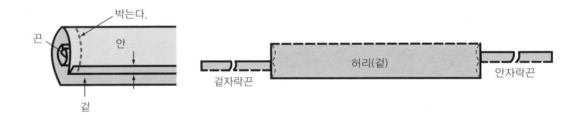

그림 Ⅳ-90. 치마허리박기

② 치마폭 붙이기

㉠ 무늬가 있는 치마감일 때에는 무늬를 잘 맞추어 올이 바르도록 주의하여
폭을 박은 다음, 시접은 주름과 같은 방향이 되게 꺾거나 두꺼운 감일 경
우 가름솔로 한다.

㉡ 안감도 겉감과 같은 방법으로 하고 시접은 겉감과 반대쪽으로 꺾거나 가른
다.

㉢ 겉감의 겉과 안감의 겉을 마주 대고 솔기마다 핀으로 시침하여 편평하게
펼친 다음, 안감의 양 옆단과 밑단이 겉감보다 3cm 작도록 잘라낸다.

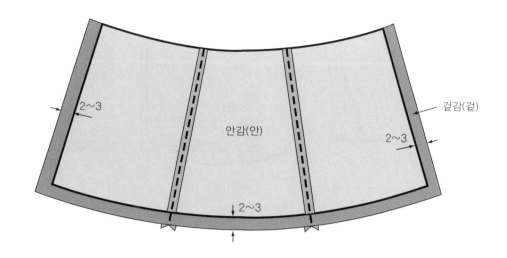

그림 Ⅳ-91. 안팎붙이기

③ 안팎붙이기와 모서리 처리

㉠ 그림 Ⅳ-92(a)와 같이 겉감과 안감에 시접을 1cm 정도로 하여 바느질선
을 표시해 놓는다.

㉡ 안팎 치맛감을 잘 겹쳐 놓은 다음, 겉감의 점 A, B와 안감의 점 C 3개가
모두 한 곳에서 만나도록 그림 Ⅳ-92(b), (c)와 같이 모서리를 맞추어 가
면서 양 옆단, 밑단을 모두 박는다.

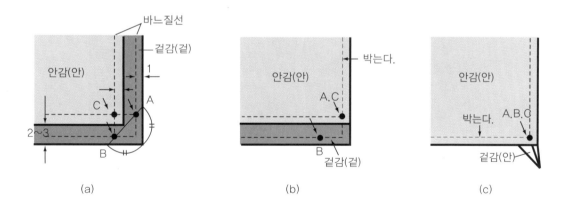

그림 Ⅳ-92. 겹치마 안팎붙이기(모서리 처리)

㉢ 치마의 세 변을 다 박은 다음, 겉감의 모서리를 그림 Ⅳ-93(a)와 같이 접
어 박는다.

㉣ 시접을 단쪽으로 가도록 꺾고 모서리의 시접을 그림 Ⅳ-93(b)와 같이 네
모로 접어 다린 후 뒤집어, 그림 Ⅳ-93(c)와 같이 단을 정리한다.

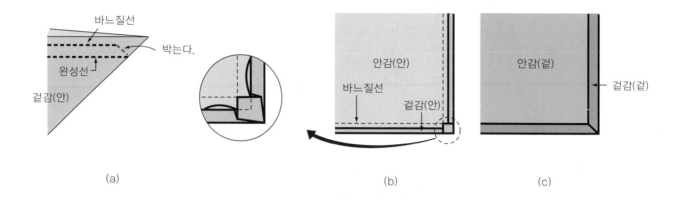

(a)   (b)   (c)

그림 Ⅳ-93. 치마단 모서리박기

④ 주름잡기

㉠ 주름을 잡을 때에는 안팎이 밀리지 않도록 겉감과 안감을 맞추어 시침한 후 주름선의 완성선보다 0.2cm 시접쪽으로 내어 시침하거나 성기게 박는 다. 이 때 입었을 때 치마자락이 늘어지지 않도록 안자락쪽은 2cm, 겉자 락쪽은 1cm 주름선을 내린다.

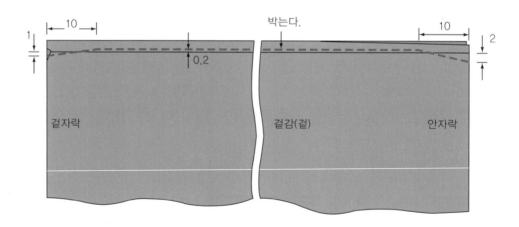

그림 Ⅳ-94. 겉감과 안감 고정시키기

㉡ 주름너비는 보통 0.5~1cm 정도로 한다.

㉢ 재봉틀로 박아 주름을 잡을 때에는 겉자락쪽에서 시작하여 송곳으로 일정 한 분량의 주름을 밀어 넣어 가면서 안자락을 향해 잡으면 속도가 매우 빠 르다. 허리와 주름잡는 분량을 맞추기 위해서는 그림 Ⅳ-95(c)와 같이 허 리와 주름잡을 치마 분량을 균등하게 등분하여 각각 1등분씩 그 분량을 맞 추어 가면서 주름을 잡는다.

㉣ 손바느질로 주름을 잡을 때에는 안자락쪽에서 시작하고, 안자락쪽을 향하 여 접어 잡는다.

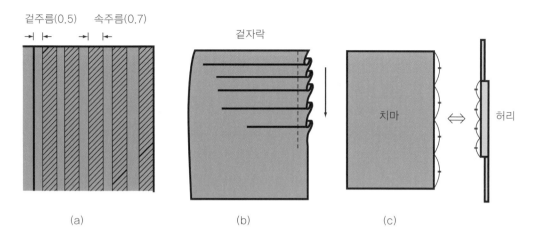

그림 Ⅳ-95. 주름잡기

⑤ 치마허리달기

㉠ 치마의 겉에 허리의 겉을 맞대고 허리선을 시침하여 박은 다음, 허리를 안
  쪽으로 넘기고 안에서 시접을 접어 넣고 곱게 감친다.

㉡ 치마허리를 손바느질로 달 때에는 허리의 시접을 꺾어 정리한 다음, 허리
  사이에 치마의 주름 부분을 넣어 빠지지 않도록 시침하고, 겉에서 홈질이
  나 반박음질한다.

㉢ 입었을 때 흘러내리지 않도록 1~1.5cm 정도의 가는 끈을 만들어 치마허
  리에 달아 어깨끈으로 사용하기도 한다. 어깨높이는 앞뒤 가슴둘레선에서
  어깨선까지의 길이보다 4cm 정도 짧은 길이로 한다.

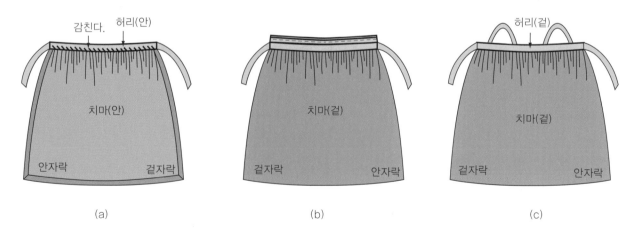

그림 Ⅳ-96. 허리달기

2) 여자 속치마 만들기

조선시대에 사용된 하체의 속옷으로는 다리속곳, 속속곳, 바지, 단속곳 등이 있었고, 이 밖에도 상류층에서 단속곳 위에 입던 너른 바지와 무지기 속치마, 궁중에서 입던 대슘 속치마 등이 있었다.

상체의 속옷으로는 속적삼과 속저고리가 있었고, 여기에 저고리길이가 짧아지면서 생겨난 가리개용 허리띠를 착용하였다.

요즈음에 와서는 간략하게 속치마, 속바지 등이 속옷으로 입혀진다.

속치마는 단속곳이 사라지면서 입게 된 속옷으로 겉치마의 맵시에 많은 영향을 준다. 따라서 속치마는 겉치마의 모양에 따라 알맞게 만들어야 하며, 대개 통치마 모양으로 하고 길이는 겉치마에 따라 정한다.

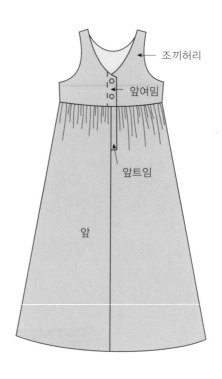

그림 IV-97. 속치마의 형태와 부분명칭

(1) 본뜨기

속치마의 필요치수는 가슴둘레와 저고리 길이에 따른 속치마 길이이다. 속치마 길이는 겉치마 길이 − 3cm 정도이다.

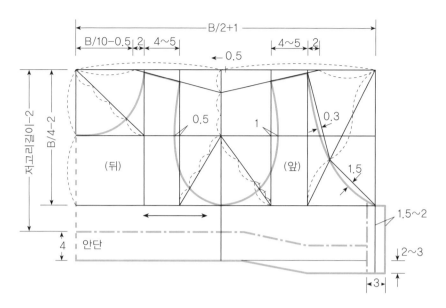

그림 Ⅳ-98. 조끼허리 본뜨기

(2) 마름질

〈재료〉

● 속치마감 : 110cm 너비(속치마길이 × 2 + 시접) = 220~240cm
● 조끼허리감 : 45cm 너비 × 120cm

〈속치마 배색〉

겉감(겉)	겉감(안)	안단(겉)	안단(안)

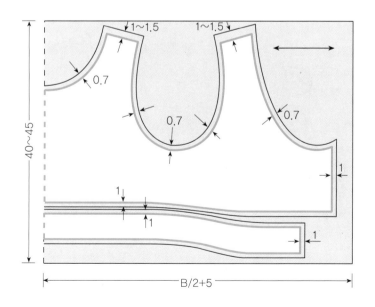

그림 Ⅳ-99. 조끼허리 마름질

(3) 바느질

① 속치마 허리만들기

그림과 같이 안단의 윗시접을 꺾어서 속치마 허리에 대고 박는다.

② 어깨솔 박기

어깨선을 맞추어 쌈솔로 박는다. 완성선을 박은 다음 뒷길 시접은 0.5cm 남기고 베어낸 다음 앞길 시접으로 뒷길 시접을 싸서 박는다.

③ 목둘레, 진동둘레 박기

목둘레와 진동둘레는 3mm 정도 두께로 시접을 두 번 접어 다림질한 뒤 돌려박는다.

④ 속치마 폭붙이기

10~15cm 정도 앞아귀를 남기고 폭을 통으로 박아 시접을 한 폭으로 넘긴다. 아귀는 덧단을 대거나 그대로 박는다.

⑤ 단하기

끝을 한 번 접어 박은 후 단분을 꺾어 박는다.

⑥ 주름잡기

주름너비는 보통 3~4cm로 하여 주름을 잡는다.

⑦ 허리달기

치마의 겉과 허리겉을 대고 박은 후에 시접을 치마허리쪽으로 가게 하여, 안쪽 치마허리의 단 시접을 꺾어 넣고 겉에서 상침을 한다. 앞여밈 부분에는 끈을 달거나 또는 단추나 훅을 사용하기도 한다.

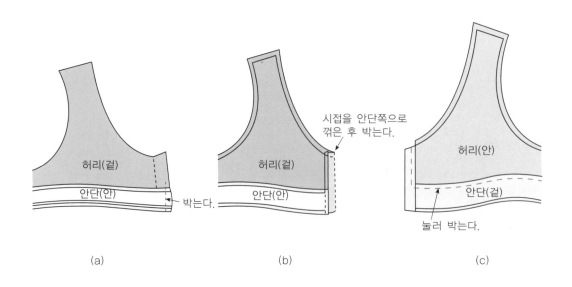

그림 Ⅳ-100. 조끼허리 만들기

3) 어린이 치마 만들기

돌이나 명절 등 경사스런 때에 많이 입히고, 여아치마는 어른치마와 같이 만들기도 하나 앞여밈 조끼허리를 달고, 어른과 같이 윗자락을 트면 활동하기 좋다. 또, 속치마를 따로 입히는 불편이 있으므로 흰색이나 노란색의 속치마를 통치마로 만들어 조끼허리에 같이 붙여 만들면 입기에 편리하다.

그림 Ⅳ-101. 여아치마의 형태와 부분명칭

(1) 본뜨기

치마를 본뜨는 데에 필요한 기본치수는 가슴둘레와 치마길이이다. 조끼허리는 저고리 밑으로 나오지 않도록 1cm 짧게 한다.

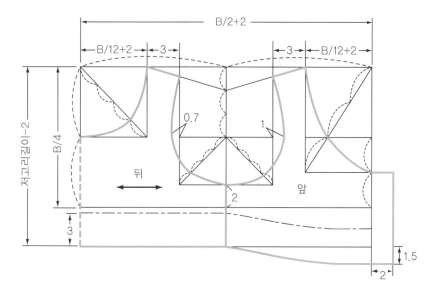

그림 Ⅳ-102. 조끼허리 본뜨기

부위 크기	가슴둘레	긴치마길이	어깨허리길이	어깨허리둘레
1~2세	50	55	15	62~64
4~5세	58	65	17	66~70

(2) 마름질

조끼허리는 치마와 같은 감으로 하기도 하고 면직물로 하기도 한다. 조끼허리 본의 뒤중심선을 골에 맞춰 놓고 마름질하고 안단도 따로 마름질한다. 치마는 옷감의 너비에 따라 치마폭을 달리 하므로 직접 마름질한다. 단, 옷감에 무늬가 있을 때는 무늬를 잘 맞추도록 한다.

〈재료〉

● 겉감 : (견직물-생고사, 숙고사, 양단),
　　　　90cm이상 너비 × 110cm(치마길이 × 2)
● 안감 : 90cm이상 너비 × 110cm(치마길이 × 2)
● 조끼허리(흰색 옥양목, 포플린) : 40cm너비 × 90cm

〈조끼허리치마 배색〉

　치마(겉)　　　　치마(안)　　　조끼허리(겉)　　　조끼허리(안)

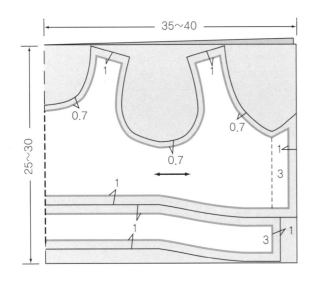

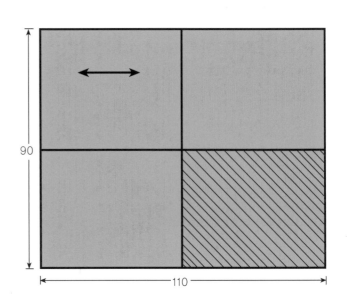

그림 Ⅳ-103. 치마 마름질

(3) 바느질

① 조끼허리

(ㄱ) 조끼허리 안단대기

㉠ 조끼허리 안단의 윗부분 시접을 꺾어 다려서 허릿감의 겉에 놓고 양 끝을 박아 허릿감의 안단에 붙인 다음, 시접을 앞안단쪽으로 꺾어 다린다.

그림 Ⅳ-104. 안단대기

㉡ 앞안단분이 겉쪽으로 꺾어지게 당겨 안단의 목둘레부분을 박아 에인 후 시접은 길쪽으로 꺾어 뒤집는다.

그림 Ⅳ-105. 앞안단 목둘레박기

그림 Ⅳ-106. 뒤집은 후의 안단

(ㄴ) 어깨 목둘레진동 시접처리하기

㉠ 어깨솔기는 쌈솔로 하는데, 완성선을 박은 다음 뒷길 시접은 0.5cm 남기고 베어내고, 앞길 시접으로 뒷길 시접을 싸서 박는다.

㉡ 목둘레와 진동선은 완성선을 박고, 시접의 0.3cm선을 둘러 박는다. 0.3m 박은선을 한 번 접고, 다시 완성선을 접은 다음 0.2~0.3cm 들어간 곳을 박는다.

(ㄷ) 안단처리

안단은 허릿감에 눌러 박는다.

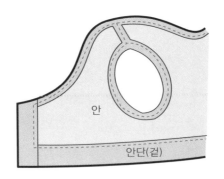

그림 Ⅳ-107. 어깨솔, 목둘레진동선과 안단선 박기

① 치마

(ㄱ) 치마폭 붙이기

㉠ 치마의 폭을 붙일 때에는 언제나 밑단에서부터 치마허리 방향으로 박고 시접은 주름과 같은 방향으로 꺾어 다린다. 앞의 중앙에 위치한 솔기는 10~12cm의 트임분을 남기고 박은 다음 가름솔로 처리한다. 앞폭을 이을 때 트임끝이 뜯어지지 않게 사선으로 박아준다.

㉡ 겹치마일 경우, 안감을 겉감보다 3cm짧게 마름질하여 박고 홑치마일 경우 치맛자락의 옆선과 밑단을 시접만큼 접어서 새발뜨기를 하거나 공그리기한다.

(ㄴ) 주름잡기

㉠ 치마길이를 확인한 후 주름이 잡힐 선을 한 번 박아주는데 안자락끝은 겉자락끝보다 1cm 짧게 하여 치마단이 처지지 않도록 한다. 주름너비를 0.5~1cm로 잔주름을 잡아준다. 이때 주름잡아 완성된 치마폭은 어깨허리보다 7~10cm 넓게 되도록 한다.

㉡ 쪽의 여자옷 만들기를 참조한다.

㉢ 주름은 겉자락쪽에서 시작하여 안자락쪽을 향하여 잡아가는 것이 편하며 주름의 방향은 안자락쪽을 향하도록 한다.

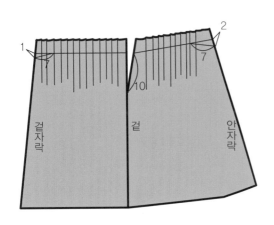

그림 Ⅳ-108. 주름집기

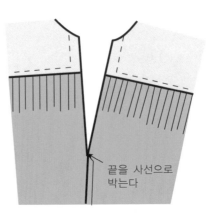

그림 Ⅳ-109. 아귀끝마기

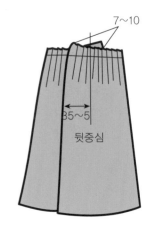

그림 Ⅳ-110. 뒷자락여미기

(ㄷ) 어깨허리달기

ㄱ 뒷자락여미기를 그림 Ⅳ-110와 같이 한 다음 시침하여 허리를 단다.

ㄴ 허리를 달 때에는 어깨허리의 겉과 치마의 겉을 대고, 어깨허리의 중심과
치마의 뒷중심을 잘 맞춰 시침한 다음 주름선을 박는다.

ㄷ 시접은 어깨허리쪽으로 꺾어 안단 속으로 넣고, 안단시접을 꺾어 새발뜨기
하거나 감침질한다.

(ㄹ) 단추달기

앞여밈분에 단추를 2개단다.

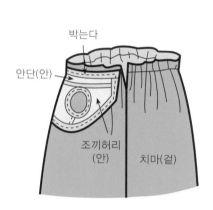

그림 Ⅳ-111. 어깨허리달기

3. 바지

<바지의 역사적 변천>

■ 삼국시대의 바지

삼국시대의 기본 복제는 남·녀 모두 실용적이고 무풍적인 고(袴)를 입는 특색을 갖는다. 현재 사용되고 있는 고(袴)에 관한 말은 '바지', '고이'가 있는데 바지는 조선시대에 들어와서 정인지(鄭麟趾)가 파지(把持)라고 표현한 데서 비롯되었다고 한다. '고이'는 신라의 표음(表音)으로 옛문헌에 기록된 가반(柯半)과 가배(柯背)에서 나온 말이며 음운변화를 거쳐서 '고이'가 된 것으로 보인다. 이 고이는 고의(袴衣)의 발음으로 볼 수도 있다.

고는 용도에 따라 그 폭과 길이가 다르며 바지끝단을 여민 것과 여미지 않은 형태를 나눌 수 있다. 궁고(窮袴)는 밑이 막혀 있는 바지이고 세고(細袴)는 폭이 좁은 바지이다.

그림 Ⅳ-113. 하인의 좁은 바지와 주인의 넓은 바지(무용총)

이러한 궁고는 말을 타고 달리는 기마민족에게 절대로 필요 불가결한 바지이다.

대구고(大口袴)는 폭이 넓은 바지이며 관고(寬袴)는 폭이 넓고 발목에 많은 여분이 있어 끝단을 여민 긴바지가 대부분이다.

또한 삼실총(三室塚) 장사도에 무릎정도까지 오는 짧은 바지를 입었는데 이렇게 짧은 바지가 곤(褌)의 형태일 것이다. 곤(褌)은 짧은 노동복으로 지금의 잠뱅

그림 Ⅳ-114. 장사도(삼실총)

이는 곤에서 유래된 것으로 보인다.

대구고는 고구려의 벽화뿐 아니라 신라의 단석산 석벽에 음각되어 있는 3인의 공양물에도 나타나 있다. 또 백제국사의 바지는 넓고 선장식이 되어 있는데 이것으로 보아 당시 삼국의 고(袴)가 비슷하였음을 알 수 있다.

그림 Ⅳ-115. 신라의 바지
(단석산 신선사 공양인물도)

그림 Ⅳ-116. 백제국사의 바지
(양직공도)

그림 Ⅳ-117. 치마밑에 입
은 바지(무용총)

또한 여자의 경우 고(袴) 위에 상(裳)을 입기도 하였는데 이는 부인이 바지를 입는 부인착고(婦人着袴)의 기본 복제 위에 중국이나 남방계통의 풍습에서 전래되어 의례적인 것이 되고 차차 풍속을 이루게 되었을 것이다. 이 유습은 근세까지도 치마를 입지 않은 채 바지만을 입고 시장왕래, 빈객 접대하는 것을 예사로 했던 일부 평안도 여인에게서 볼 수 있다.

■ 통일 신라의 바지

통일 신라의 바지는 서역지방인 아프라시압 사마르칸트의 옛 궁궐벽에 그려진 채색벽화에 신라 사신이 통 좁은 바지를 입고 있다. 또한 당의 이현묘 벽화의 빈객도 중에 신라 사신으로 보이는 사람에게서 대구고를 입고 있어서 그 형태를 볼 수 있다.

그림 Ⅳ-117. 조우관, 화 : 통좁은 바지를 입고 있는 신라 사절(사마르칸트 아프라시압 궁전 벽화 사절도, AD 7세기)

그림 Ⅳ-118. 신라 사절이 착용한 선을 댄 넓은 바지, 조우관(장회태자 이현묘 벽화, 654~684)

■ 조선의 바지

우리 고유 복식의 기본형은 궁고였고 바지 부리밑에 끈을 붙박이로 달아 바지밑을 묶고 있었는데 대구고로 변해가면서 통 넓은 바지부리를 끈으로 밑을 묶는 것만 가지고도 활동이 불편한 경우가 많아 각반(脚絆)이 생겨 이를 가지고 바지 아래를 깡뚱하게 했었다.

그러나 필요할 때마다 포(布)를 가지고 발에서 무릎 아래까지 감는 것 또한 불편해 헝겊으로 소매부리처럼 만들어 이를 정강이에 꿰어 위쪽에 달린 두 줄의 끈을 가지고 무릎 아래를 돌아 매는 행전을 치게 되었다. 그러므로 이 행전은 조선시대에 와서는 외출시 또는 서민층 활동복에 착용하는 것이 습속화 되었다. 또 천인(賤人)들은 행전을 못치고 대신 끈으로 바지 중간을 동여맸다.

이런 모습들은 단원 김홍도의 풍속화에 잘 나타나 있다.

바지의 통은 대구고 형식으로 넓어졌으며 바지부리는 행전을 치기도 하고 대님을 한 바지도 보여 이 당시에 공존했음을 알 수 있다.

〈남자 바지〉

조선시대의 남자 바지는 솜을 둔 솜바지, 누비바지, 겹바지, 홑바지 등으로 구분된다.

솜바지는 조선중기 1567~1596년에 김덕령 장군이 입었던 유품이 있는데 옷감은 부패하고 솜으로 형태만 남아 있다. 현재의 남자 바지와 유사하므로 바지를 통한 시대변천은 별로 없었던 것으로 보인다.

그림 Ⅳ-119. 씨름장면 : 바지(신윤복, 국립중앙박물관)

〈여자 바지〉

여자 바지는 일반적으로 치마속에 착용하게 되므로 남자 바지와는 구조적으로 다르다. 치마는 길고 폭넓은 것을 여러겹 입어 중후한 미를 나타내는데 조선시대 여인의 바지는 완전히 치마밑에 입는 속옷으로 변모되었고 많이 껴입어 치마를 퍼지게 하는 역할로 하였다. 여자 바지는 대체로 바지통이 넓고 앞 뒤가 트인 것과 막힌 것이 있다. 바지에는 어깨끈이 달린 것도 있고 달리지 않은 것도 있는데 언제나 끈은 전후에 한 가닥으로 봉재된다. 끈은 '말기'라고도 하고, '말'이라고 하므로 '말군'이란 끈 달린 바지를 뜻하는 것으로 생각된다.

조선시대 여자들은 고(袴)에는 너른바지(봉지), 바지(민바지, 누비바지, 겹바지, 단바지), 단속곳(겹단속곳) 등이 있다.

■ 개항기 이후의 바지

우리나라가 서구의 문물을 받아들여 1894년 갑오경장으로 정치, 경제, 사회제도의 일대개혁이 일어나 복제뿐만 아니라 여성의 사회적 지위에도 변화가 일어나게 되었다. 이러한 시대에 당시 남녀의 바지에 구체적으로 살펴보면 다음과 같다.

〈남자의 고(袴)〉

우리의 바지와 서양식의 바지는 다를 바 없지만 체형에 어느 정도 여유분을 두고 봉재하느냐에 의해 실제로 달라 보인다. 속바지는 아래 입는 것으로 형태는 고(袴)와 비슷하다. 고(袴)는 내고의 위에 입는 것으로 치수는 현행의 바지치수에 별 차이가 없어 조선조말과 현행의 바지는 거의 같다고 할 수 있다.

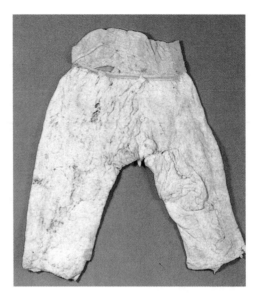

그림 Ⅳ-120. 김덕령 장군 솜바지(문화재대관)

〈여자의 고(袴)〉

조선시대의 여자의 바지가 완전히 속옷으로 되면서 단속곳, 바지, 속속곳 등을 껴입다가 서구문물이 들어오면서 여자의 지위가 향상되고 활동적으로 됨에 따라 치마의 형태가 좁아지고 속옷도 차츰 간소화되어 가지수가 줄어들었고 밑이 터진 것이 보통이나 밑을 여민 개량바지가 나왔다.

1930년대부터 좁은 실루엣으로 되었으며 따라서 속곳 종류의 수도 줄어 현재에 이르러서는 단속곳과 속곳은 거의 자취를 감추고 속바지만 통용하게 되었다.

1) 남자바지 만들기

상고시대의 바지는 북방알타이계의 좁은 바지로 가랑이가 좁아 무풍적이고 활동적이며 남녀가 같이 입었다.

조선시대에 와서 여자의 바지는 완전히 속곳의 형태를 갖추게 되고, 남자 바지는 상류층에서는 통이 넓은 바지를 입었으며, 노동하는 서민들이나 천민들은 홀태바지, 잠방이 등을 착용하였다.

남자 바지는 통이 넓어서 좌식 생활에는 매우 편리하고 명주바지에 솜을 두어 지으면 겨울철의 방한용으로는 대단히 좋다. 근래에는 명절 때에 많이 입는다.

허리띠와 대님은 일반적으로 바짓감이나 마고잣감으로 만든다. 바지 만드는 방법에는 재래식 방법과 시접을 1cm씩만 두는 개량식 방법이 있다.

남자 바지는 앞과 뒤가 똑같은 모양이고 각 부분의 명칭은 허리, 마루폭, 큰사폭, 작은사폭, 부리, 배래, 밑, 가마귀 머리 등으로 불리고 있다.

남자 바지의 필요치수는 바지길이와 엉덩이둘레이다. 그 밖의 다른 부분의 치수는 기본치수에서 제도상으로 산출해 낼 수 있다.

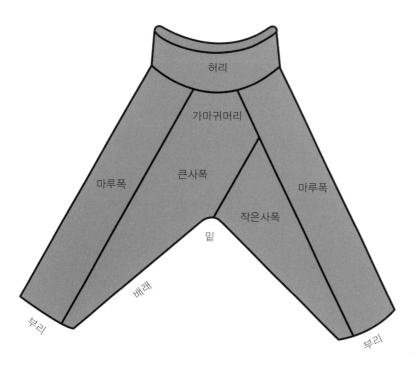

그림 Ⅳ-121. 바지의 형태와 부분명칭

(1) 본뜨기

표 Ⅳ-5. 남자바지의 참고치수 　　　　　(단위 : cm)

부위 크기	길이	엉덩이길이	밑위	바지부리	허리둘레	허리너비
대	115	100	46	25.5	100	16
중	108	93	44	25.0	95	16
소	100	85	42	24.5	90	15

① 기본선 그리기

㉠ 선 AB는 측정된 바지길이 + 여유분 10cm로 하고, 선 AB를 3등분하여 C 점을 정한다.

㉡ 선 AE는 H/5cm로 하고, 선 CD는 H/2로 하여 5등분한다.

㉢ 선 BF는 H/4+3cm로 하여 바지부리로 한다.

② 마루폭 그리기

선 CD의 2/5점에서 선 AB와 평행한 선 GH를 그어 마루폭선을 정한다.

③ 사폭 그리기

㉠ FD를 연결하여 배래선으로 하고 DF를 아래위로 연결하면서 연장하여 O′ O″ 선을 바지의 중심선으로 한다.

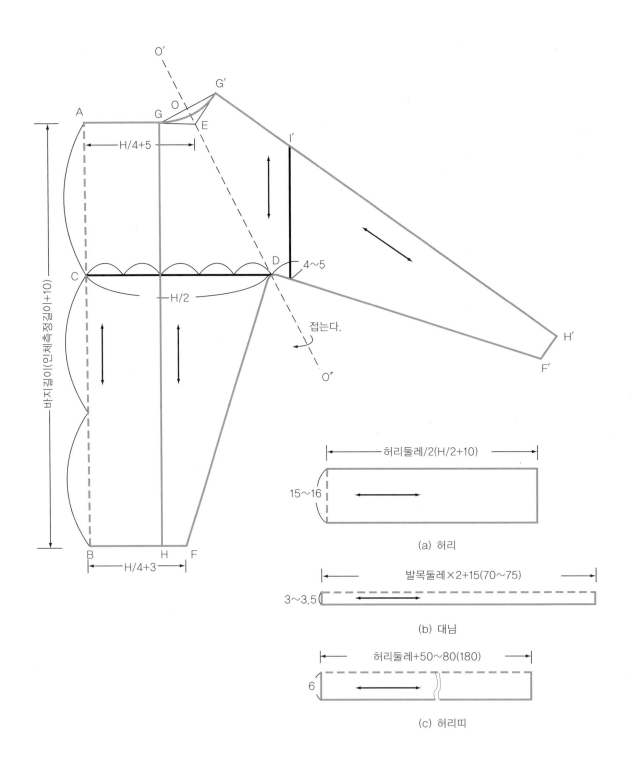

O'

G'

A G O
E

H/4+5

I'

바지길이(인체측정길이+10)

C D 4~5

H/2 접는다.

O"

H' F'

허리둘레/2(H/2+10)

15~16

(a) 허리

발목둘레×2+15(70~75)

3~3.5

(b) 대님

허리둘레+50~80(180)

6

(c) 허리띠

B H F
H/4+3

그림 Ⅳ-122. 바지 본뜨기

ⓛ 점 G에서 선 O′O″에 수선을 만난점을 O라 한다.

ⓒ 중심선 O′O″를 접어서 마루폭을 제외한 사폭을 대칭이동하여 옮겨 그린다.

④ 큰사폭과 작은사폭 그리기

㉠ 점 D에서 4~5cm 떨어진 점 I에서 선 GH에 평행되게 선 H′를 그리면 큰사폭과 작은사폭이 완성된다.

ⓛ OE의 2등분점을 통과하도록 GG′를 곡선으로 하여 가마귀머리를 그린다.

⑤ 허리 · 대님 · 허리띠

㉠ 허리길이는 H/2+10cm로 하고, 허리너비는 15cm 내외로 한다.

ⓛ 대님길이는 발목둘레×2+15cm(70~75cm 정도)로 하고, 대님너비는 3~3.5cm로 한다.

ⓒ 허리띠길이는 180cm 정도로 하고, 너비는 6cm로 한다.

(2) 마름질법

① 옷감과 색의 선택

옷감과 색은 계절과 용도에 따라 다르다. 평상복에는 면이나 합성섬유가 많이 쓰이고, 예복에는 견직물, 합성섬유직물 등이 쓰인다. 평상복은 겉보다 안을 부드럽고 따뜻한 감을 하여야 휴식에 좋다. 따라서 겉감을 면이나 합성섬유로 하여도 안감은 명주나 면으로 하는 것이 따뜻하고 위생적이며 실용적이다.

겉감은 견직물로 할 때는 안감은 면으로 하는 것이 적당하다.

빛깔은 옥색, 회색, 보라색, 고동색 등이 많이 쓰이고 너무 화려하지 않은 것이 무난하다.

② 시접넣기

시접분은 사방 1cm로 하되 작은 사폭과 큰 사폭은 그림 Ⅳ-123과 같이 시접을 넣는다.

〈재료〉

● 겉감 : 110cm 너비, 마루폭길이 × 2 + 시접 = 220~230cm
● 안감 : 110cm 너비, 마루폭길이 × 2 + 시접 = 220~230cm

〈바지 배색〉

| 겉감(겉) | 겉감(안) | 안감(겉) | 안감(안) |

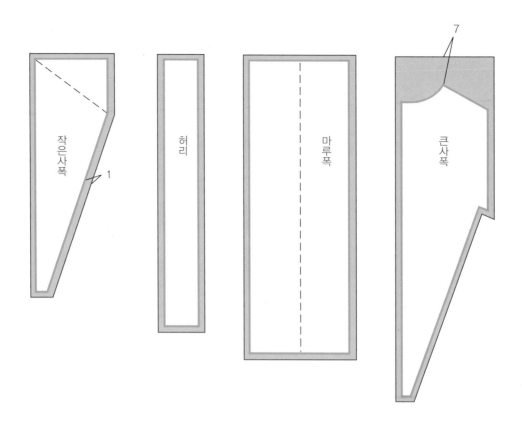

그림 Ⅳ-123. 시접넣기

③ 마름질

바지를 마름질할 때 작은 사폭의 식서방향에 특히 주의한다. 허리띠와 대님은
남은 감에서 마름질하기도 한다.

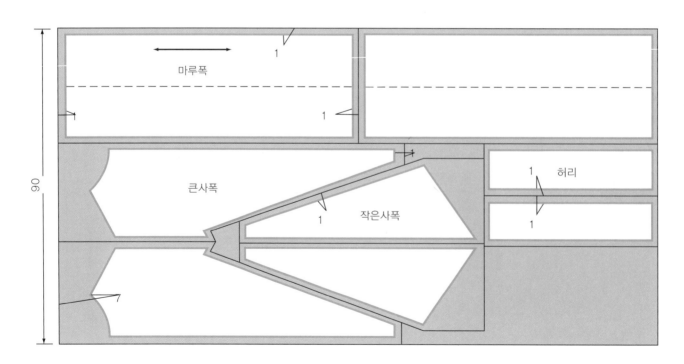

그림 Ⅳ-124. 바지 마름질

(3) 바느질법

① 사폭잇기

바지는 앞뒤가 없어서 둘러 입을 수 있기 때문에 큰사폭은 큰사폭끼리 작은사폭은 작은사폭끼리 같은쪽에 놓이도록 한다. 작은사폭의 어슨솔기와 큰사폭의 곧은 솔기를 맞대고 시침하여 잇는다. 이때 작은사폭의 어슨솔기가 늘어나지 않도록 주의한다. 시접은 큰사폭쪽으로 꺾는다. 앞뒤 2장을 마련한다.

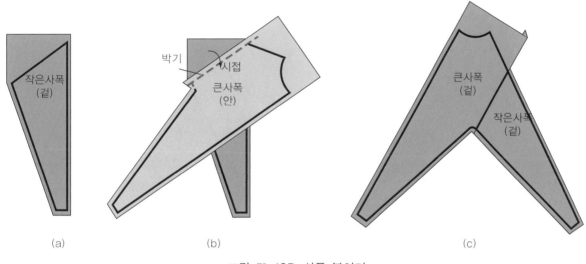

그림 Ⅳ-125. 사폭 붙이기

② 마루폭잇기

사폭 양쪽에 마루폭을 시침하여 박는다. 시접은 마루폭쪽으로 꺾는다. 이 바느질솔기는 길기 때문에 한쪽이 늘어나기 쉬우므로 반드시 시침한 후에 박는다.

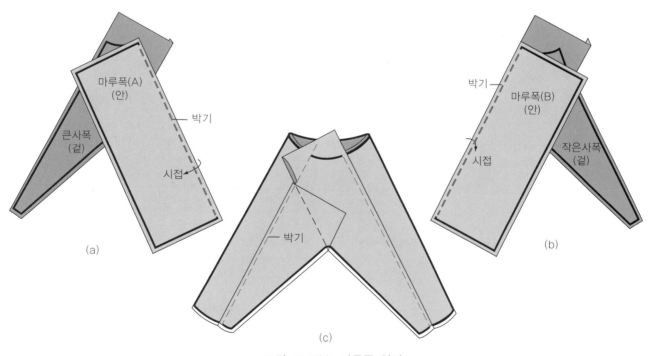

그림 Ⅳ-126. 마루폭 잇기

③ 허리달기

허리는 바지허리둘레에 맞춰 허리를 통으로 박은 다음 시접을 가른다. 허리의
이음솔기가 앞마루폭 솔기에 닿도록 바지허리둘레에 맞춰 허리를 시침한 다음
박는다. 시접은 허리쪽으로 꺾는다.

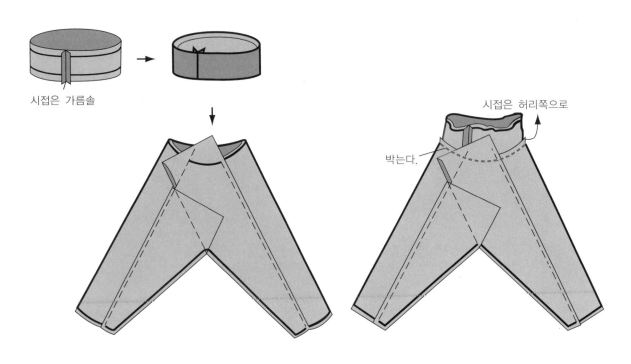

그림 Ⅳ-127. 허리달기

④ 안만들기

방법은 겉만들기와 같으며, 단, 안감과 겉감의 사폭 위치는 같은 방향이어야
한다. 마루폭쪽에 창구멍을 내기도 한다.

⑤ 안팎끼우기

안감을 뒤집어서 겉쪽이 밖으로 나오도록 한 다음, 안감의 겉과 겉감의 겉이
맞닿게 겉감에 안감을 끼운다.

20cm 정도의 창구멍을 내놓고 허리를 둘러 박는다. 이때 겉과 안의 사폭의
위치가 일치해야 한다.

안감을 잡아빼서 안감과 겉감이 대칭이 되도록 편다.

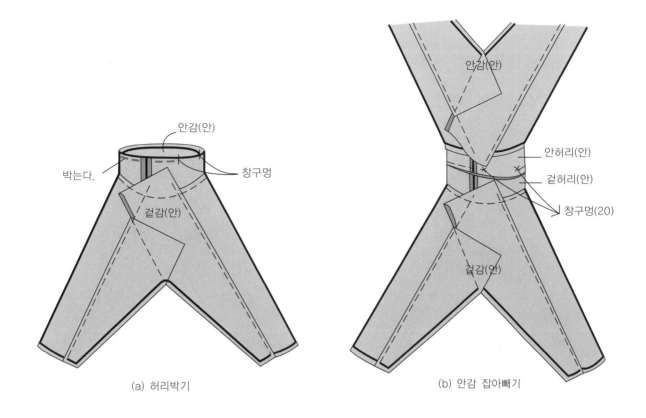

(a) 허리박기   (b) 안감 잡아빼기

그림 Ⅳ-128. 안팎끼우기

⑥ 부리하기

허리선을 접어 안은 안끼리, 겉은 겉끼리 모아져 있는 상태로 만든다. 부리를 마주 세워 안감의 겉과 겉감의 겉이 맞닿아 2겹이 되도록 맞춰 시침하여 박는다. 이때 시접은 겉쪽으로 꺾는다.

⑦ 배래하기

바지 배래를 4겹으로 겹쳐 놓고 잘 맞추어서 정돈한 다음, 안팎 4겹을 함께 둘려 박는다. 시접은 겉감쪽으로 꺾고, 바지밑의 뾰족한 부분은 둥글려서 2번 박아 가윗집을 넣고 잘 다린다.

⑧ 창구멍막기

창구멍으로 뒤집어 다림질한 다음 감치기를 하여 정리한다. 허리와 부리에는 속시침을 떠서 들뜨지 않도록 한 후 겉으로 뒤집어 완성한다.

그림 Ⅳ-129. 부리하기

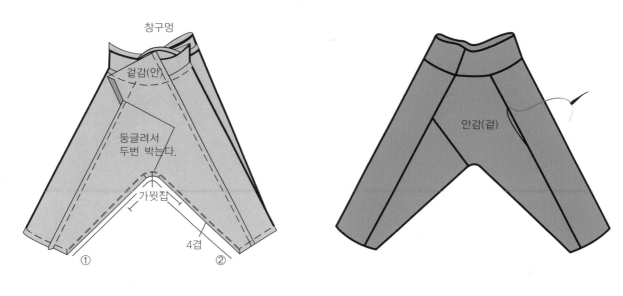

그림 Ⅳ-130. 배래하기

그림 Ⅳ-131. 창구멍막기

⑨ 대님과 허리띠 만들기

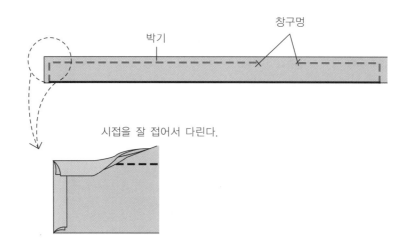

그림 Ⅳ-132. 대님과 허리띠 만들기

2) 여자 속바지 만들기

속바지는 재래식 바지를 편리하게 개량하여 밑을 달지 않고 허리에 고무줄을
넣어 준 것을 말한다.

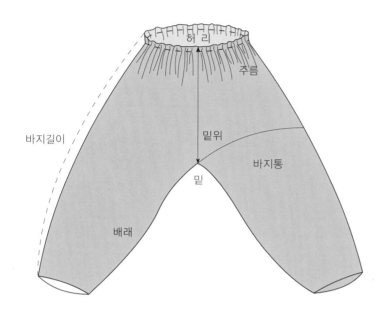

그림 Ⅳ-133. 속바지의 형태와 부분명칭

(1) 본뜨기

속바지의 필요치수는 엉덩이둘레, 바지길이이다.

표 Ⅳ-6. 여자 속바지의 참고치수　　　　(단위 : cm)

부위 크기	길이	엉덩이길이	바지통	밑위	밑 아래	부리
대	95	96	50	47	57	25
중	90	92	45	45	54	23
소	85	88	44	42	52	22

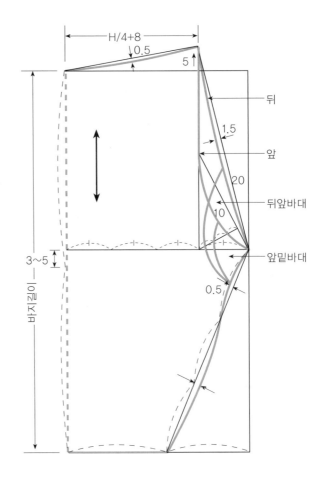

그림 Ⅳ-134. 속바지 본뜨기

(2) 마름질

〈재료〉

● 겉감 : 110cm 너비(바지길이 × 2 + 시접) = 220~230cm
밑바대는 남은 옷감에서 뜬다.

〈속바지 배색〉

| 겉감(겉) | 겉감(안) | 바대(겉) | 바대(안) |

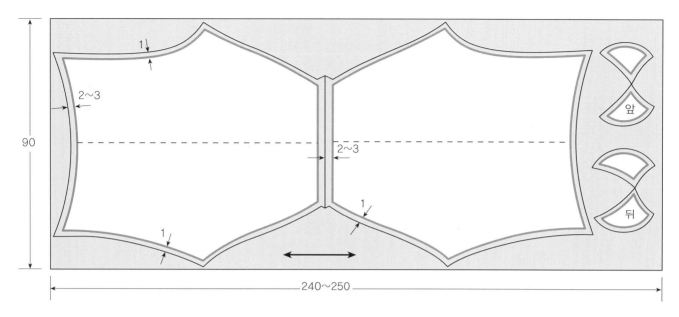

그림 Ⅳ-135. 속바지 마름질

(3) 바느질

① 밑위박기

앞과 뒤의 밑위를 각각 겉끼리 맞대어 놓고 쌈솔 또는 얇은 감일 경우에는 곱솔로 박는다. 시접을 어느쪽으로 꺾어도 무방하나 입어서 오른편으로 가도록 하는 것이 좋다.

② 밑바대대기

밑바대를 앞뒤판 각각 맞대서 박아 시접을 가름솔로 한다(그림 Ⅳ-136(a)).

밑바대의 가장자리 시접을 접어 넣고 바지단끝에 대고 시침하여 눌러 박는다. 두꺼운 감일 때는 밑바대를 먼저 대고 밑위선을 박아도 된다.(그림 Ⅳ-136(b))

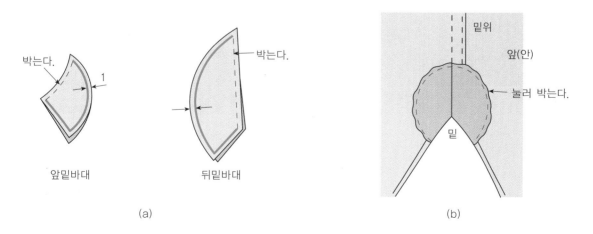

그림 Ⅳ-136. 밑바대대기

③ 단하기

부리의 끝을 한 번 접어 박고 단분을 꺾어 접어 넣고 박는다. 부리에는 다른 단을 대고 겉으로 솔기를 올려 장식박음을 해도 좋다.

④ 배래박기

앞뒤 배래를 잘 맞추어 통솔이나 쌈솔로 박고 솔기는 뒷쪽으로 꺾는다.

⑤ 허리박기

끝을 한 번 접어 박은 후 2~3cm 단으로 꺾어 돌아가며 박고 고무줄을 꿰는 부분은 1cm 정도 남긴다.

3) 단속곳 만들기

단속곳은 바지와 치마의 중간에 입는 것으로 지금의 속치마와 같은 것으로 치마를 입었을 때 실루엣을 아름답게 해주는 전통적인 속옷이다.

단속곳의 밑은 허리까지 닿는 긴 형과 고깔같은 짧은 형이 있다.

요즈음은 속치마를 주로 입고 단속곳은 잘 입지 않으나. 입으면 안정감이 있고 허리를 구부리거나 하여도 속치마처럼 밑자락이 치마 밑으로 빠지지 않는 등 장점이 있어, 속치마보다 만들기는 번거로우나 속치마 대신 이용할 만한 우리의 전통적인 속옷이다. 다만, 허리는 조끼허리를 달거나 어깨끈을 만들어 달면 흘러내리지 않아 편리하다.

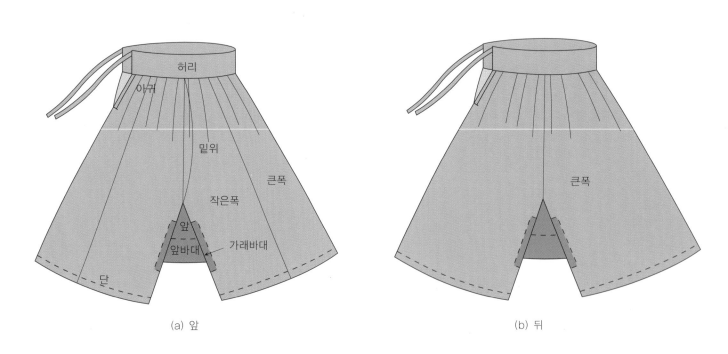

(a) 앞   (b) 뒤

그림 Ⅳ-137. 단속곳의 형태와 부분명칭

(1) 본뜨기

단속곳의 본뜨기에 필요한 치수는 가슴둘레와 단속곳 길이이다.

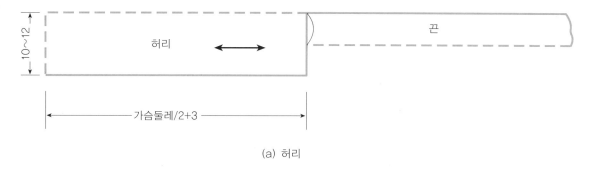

(a) 허리

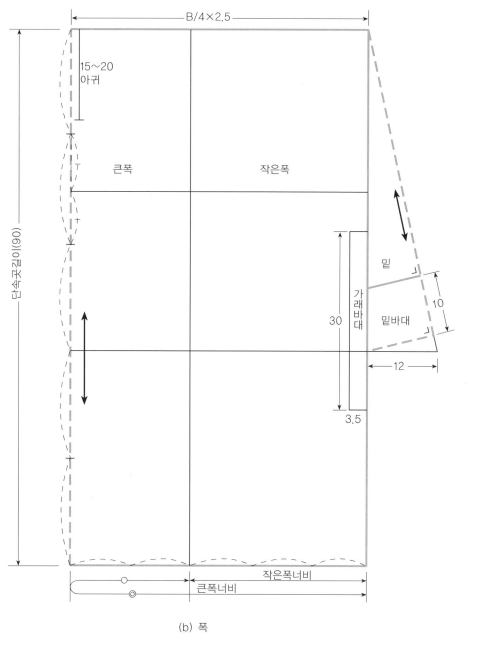

(b) 폭

그림 Ⅳ-138. 단속곳 본뜨기

(2) 마름질

〈재료〉

● 겉감 : 90cm 너비 : 길이 × 2 + 시접) = 350~370cm

　　　　70cm 너비 : 길이 × 4 + 시접) = 470~480cm

〈단속곳 배색〉

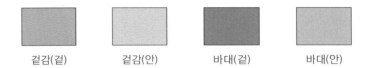

겉감(겉)　　　겉감(안)　　　바대(겉)　　　바대(안)

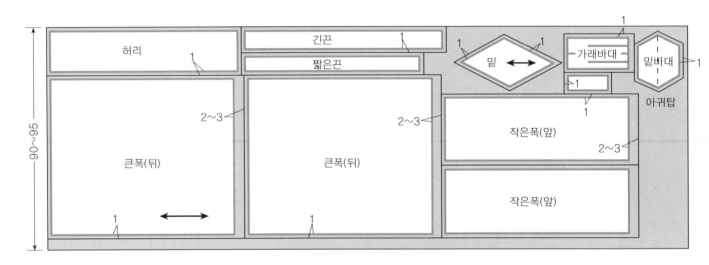

그림 Ⅳ-139. 단속곳 마름질

(3) 바느질

① 허리만들기

그림 Ⅳ-140과 같이 허리를 만들어 앞허리에 긴 끈을, 뒤허리에 짧은 끈을 각각 단다.

그림 Ⅳ-140. 단속곳 허리만들기

② 폭붙이기

작은폭이 앞에 오도록 큰폭에 작은폭을 대고 박아 시접을 큰폭쪽으로 꺾은 다음 밑아래를 박아 통으로 만들고, 시접을 뒷쪽으로 꺾는다. 홑겹일 때는 쌈솔이나 통솔로 바느질한다.

③ 가래바대 대기

그림 Ⅳ-141과 같이 가래바대를 대고 눌러 박는다.

④ 밑달기

먼저 큰폭과 밑을 겉끼리 맞대고 시침한 후 큰폭의 안쪽에 밑바대를 대어 밑, 큰폭 가래바대, 밑바대의 4겹을 겹쳐서 박는다. 그림Ⅳ-142와 같은 방법으로 한 후에 작은 폭쪽에도 이와 같은 방법으로 바느질한다. 밑달기는 좀 까다로우므로 주의하여 바느질하도록 한다.

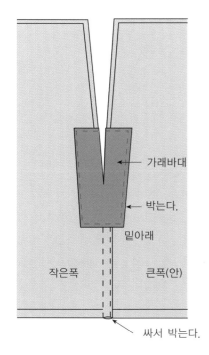

그림 Ⅳ-141. 가래바대대기

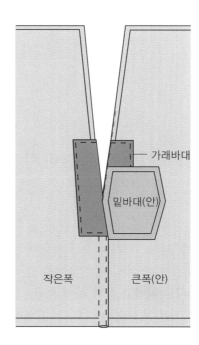

그림 Ⅳ-142. 밑바대대기

⑤ 아귀트기

입어서 오른쪽 길에 15~20cm의 아귀를 튼다. 아귀에는 1.5cm의 안단 을 대어 그림과 같이 바느질한다.

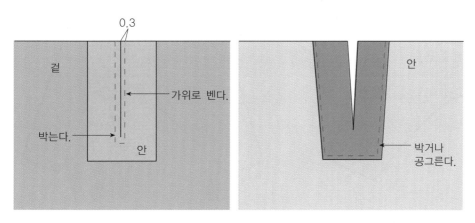

그림 Ⅳ-143. 아귀트기

⑥ 단박기

단끝은 시접을 접어 공그르기를 하거나 단분을 꺾어 박는다.

⑦ 주름잡기와 허리달기

앞뒤 중심을 향해 3~4개의 주름을 잡는다. 허리달기는 치마허리달기와 같다.

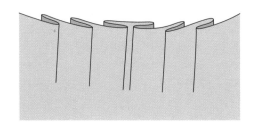

그림 Ⅳ-144. 주름잡기

4) 어린이 풍차바지 만들기

풍차바지는 젖먹이로부터 4~5세까지, 대소변을 혼자서 못보는 시기에 입히는 옷으로 풍차바지의 앞은 남자바지 모양이고, 뒤는 여자바지 모양이다. 뒤에 사폭을 대지 않는 대신 마루폭을 뒤로 넓혀 밑을 대는 것이 특징이다. 뒤로 넓힌 밑은 입었을 때 양쪽이 완전히 포개어지게 하는데, 필요할 때에는 뒤를 벌리며 대님은 배래솔기 아래쪽에 고정시켜 단다.

풍차바지감은 부드럽고 가벼우며, 세탁에 견고한 것이 좋다. 또한 풍차바지 조끼허리는 크기가 작아, 안단을 대지 않고 흔히 겹으로 만든다.

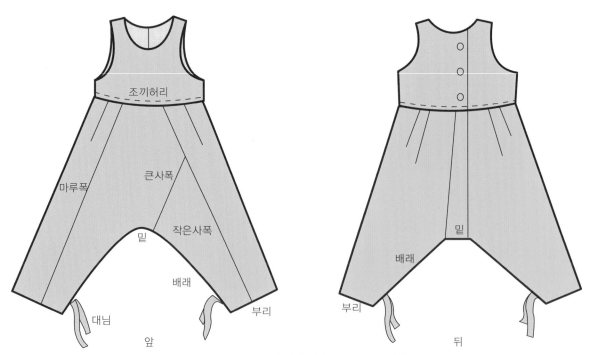

그림 Ⅳ-145. 풍차바지의 형태와 부분명칭

(1) 본뜨기

필요치수는 바지길이, 엉덩이둘레와 조끼허리에 필요한 가슴둘레, 저고리길
이이다.

표 Ⅳ-6. 남자어린이 풍차바지의 참고치수 (단위 : cm)

부위\크기	길이	부리	밑			가슴둘레	어깨허리 길이	대님	
			길이	윗너비	아랫너비			길이	너비
1~2세	50	13	32	5	9	52	24	35	2
4~5세	60	15	37	6	10	55	27	40	2

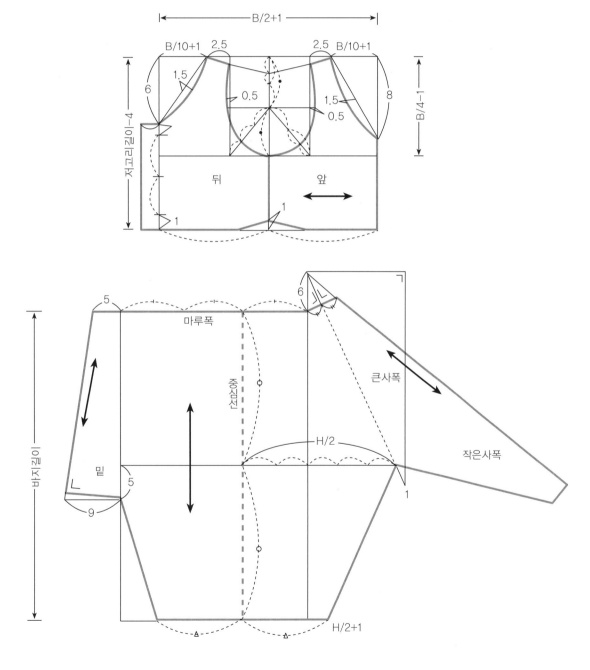

그림 Ⅳ-145. 풍차바지 본뜨기

(2) 마름질

〈재료〉

● 겉감 : 90cm너비, (길이 + 시접) × 2 = 105~110cm
● 안감 : 90cm너비, 110cm
● 단추

〈풍차바지 배색〉

겉감(겉)　　　　겉감(안)　　　　안감(겉)　　　　안감(안)

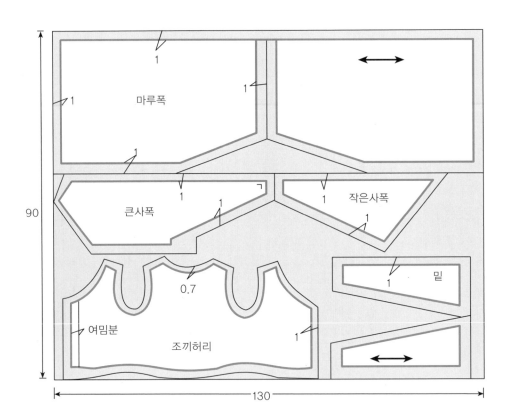

그림 Ⅳ-146. 풍차바지 마름질

(3) 바느질

① 사폭과 마루폭 박기

큰사폭의 곧은 솔기와 작은 사폭의 어슨솔기를 맞대어 박고, 시접은 큰 사폭 쪽으로 꺾는다. 사폭 양쪽에 마루폭을 달고, 시접은 마루폭쪽으로 꺾는다.

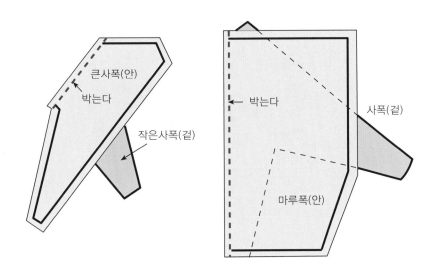

그림 Ⅳ-147. 사폭과 마루폭 박기

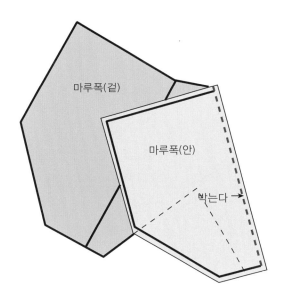

그림 Ⅳ-148. 마루폭 박기

② 밑달기

양쪽 마루폭에 밑의 어슨솔기를 붙여 박고 시접은 가슴솔로 한다.

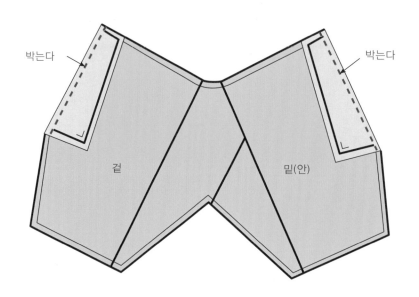

그림 Ⅳ-149. 밑달기

③ 안만들기

안감은 겉감과 같이 만드는데, 사폭의 위치는 겉과 반대방향으로 한다.

④ 안팎붙이기

겉감의 겉과 안감의 겉을 맞대어 시침하고, 완성선보다 0.2cm 밖을 허리를 남기고 둘러 박는다. 시접을 겉감쪽으로 꺾어 다린 다음 뒤집어서 겉에서 한 번 더 다린다.

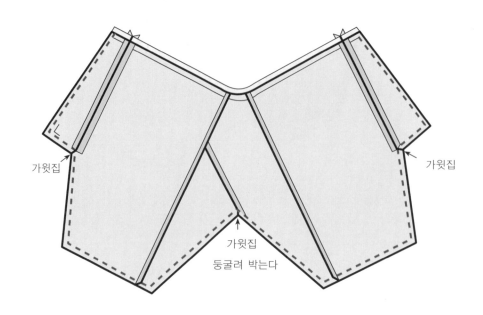

그림 Ⅳ-150. 안팎붙이기

⑤ 주름잡기

ㄱ 뒤집은 다음 안감과 겉감의 허리선을 같이 박고, 마루폭에 주름을 4개씩
   잡는다. 주름분은 조끼허리둘레와 바지허리둘레와의 차가 된다.

ㄴ 주름은 앞으로 2개, 뒤로 2개씩 접어 놓는다. 이때, 허리선의 길이와 조끼
   허리의 길이가 잘 맞도록 조절한다.

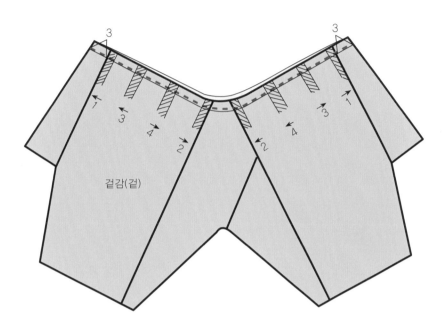

그림 Ⅳ-151. 주름잡기

⑥ 허리달기

조끼허리를 겹으로 만들어 조끼허리의 겉허리선에 대고, 바지중심과 허리중
심을 맞춰 시침하고 박는다. 시접은 조끼허리쪽으로 넘기고, 조끼허리 안감의
허리선 시접을 접어 넣어 바지안감 허리선에 감침질하여 붙인다.

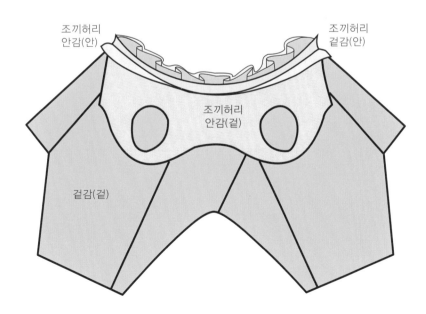

그림 Ⅳ-152. 허리달기

⑦ 배래감치기

배래를 안쪽에서 부리로부터 10~15cm 가량을 감침질하여 붙인다.

⑧ 대님과 단추달기

대님은 길이가 35~40cm, 너비가 2cm 되도록 접어 만들어서 바짓부리에서 2cm 올려 배래에 감쳐 붙인다. 조끼허리에 바지와 같은 색은 색의 납작한 단추를 3개 정도 단다.

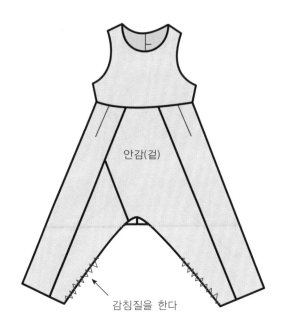

안감(겉)

감침질을 한다

그림 Ⅳ-153. 배래감치기

4. 두루마기

<두루마기의 역사적 변천>

■ 상대사회의 포(袍)

포(袍)는 유(襦)와 고(袴) 위에 착용하는 긴 외투 형상과 비슷한 것으로 저고리만큼 절대적인 기본 복식은 아니었고 상대적이고 부가적인 의미를 주는 복식인 것이다. 포(袍)의 발생은 당시 아한대성 기후인 고구려의 경우 기후에서 오는 적응성 때문에 낮은 계층의 경우 포(袍)의 소매폭이 좁다거나 대(帶)를 매어서 간단히 하는 데 이들의 의미는 기후에 대한 적응성 때문이었을 것이다.

당시는 계급사회가 분화되어 있고 철저한 신분사회였으니만큼 그들이 누리는 사회적 여건 또한 의복을 통해서 나타나는 것은 당연한 현상인 것이다.

그림 Ⅳ-154. 유, 군, 고, 포(무용총)

■ 고려의 포(袍)

기본 포제(袍制)는 백저포(白紵袍)를 착용했으며, 국왕도 연거시(燕居時)에는 일반 서민과 다름없이 조건(皂巾)에다 백저포를 착용하였다.

또 고려시대 포의 특징적인 점은 선이 사라지는 점이다. 고려도경이나 기타 기록에 백저포에 가선(加襈)했다는 기록이 없고 문수사 금동여래 좌상과 해인사 비로나불좌상에서 발견된 답호나 직령포 등에도 선(襈)은 없었다.

이 백저포는 서민적 포의(袍衣)로 전개되어 조선시대에 와서 옷고름을 달거나 대(帶)를 착용하게 되었다.

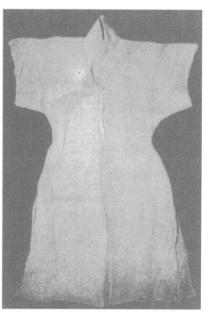

그림 Ⅳ-155. 문수사 백저포(답호)

■ 조선시대의 포(袍)

조선시대의 편복포(便服袍)는 철릭, 직령(直領), 도포(道袍), 창의(氅衣), 두루마기 등이 있다.

두루마기란 골고루 터진곳이 없이 막혔다는 뜻이며 주의(周衣)라고도 한다. 삼국시대의 우리 고유포가 조선시대까지 계속 입혀지면서 여러 가지 다른 포의 영향도 받아 두루마기가 되었다.

고종 31년 갑오경장시 의제계혁에 조신(朝臣)의 대례복(大禮服)은 흑단령(黑團領)을 입고 진궁시(進宮時)의 통상복에는 흑색(黑色), 주의(周衣)와 답호로 하였으며 그 다음 해에는 답호도 없어지고 주의만 입게 함으로써 포제(袍制)가 두루마기 일색이 되었다.

두루마기의 유물은 선조조부터 현대까지 많으며 상류층의 겉옷의 밑받침 옷이고 상민계급의 겉옷이었던 것이 1895년 이후 관민, 남녀, 귀천없이 모두 입는 옷으로 승격하여 삼국시대 때 귀천, 남녀 없이 착용했던 지위를 다시 찾게 되었다.

그림 Ⅳ-156. 도포입은 하객들(국립중앙박물관)

1) 여자 두루마기 만들기

두루마기는 상고시대부터 신분의 높고 낮음을 막론하고 남녀가 함께 입어오
던 것으로 조선 왕조 시대에는 엄격한 신분제도와 더불어 남성위주의 수많은 편
복포로 분화 발전되었다. 갑오개혁 이후에 만인평등과 편리함을 좇아 오늘날의
두루마기 하나로 통일 정착되었다 두루마기는 치마저고리 위에 입는 실용적인
겉옷으로써 방한용으로 적당하다.

그림 Ⅳ-157. 두루마기의 형태와 부분명칭

(1) 본뜨기

기본치수는 표 3-2의 참고치수를 활용하고, 깃과 고름은 민저고리를 참조하
여 본을 뜬다.

표 Ⅳ-7. 여자 두루마기의 참고치수   (단위 : cm)

부위 크기	길이	가슴 둘레	화장	겉섶너비		고름 너비	안고름 너비	고름길이		안고름길이		깃너비	겉깃 길이
				상	하			장	단	장	단		
대	120	90	79	8	17	7.5	3	110	100			6.5	25
중	115	85	76	7.5	16	～	～	105	95	50	40	6	24
소	110	80	73	7	15	6.5	2.5	100	90			5.5	23

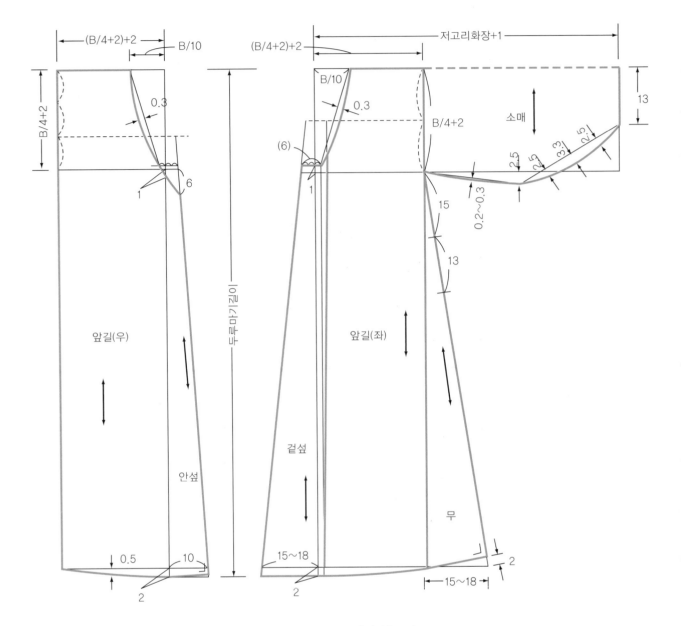

그림 IV-158. 두루마기 본뜨기

(2) 마름질

〈재료〉

● 겉감 : 110cm 너비, (길이×2+무길이+시접)×3=350∼360cm
● 안감 : 겉감과 같음

〈두루마기 배색〉

겉감(겉)   겉감(안)

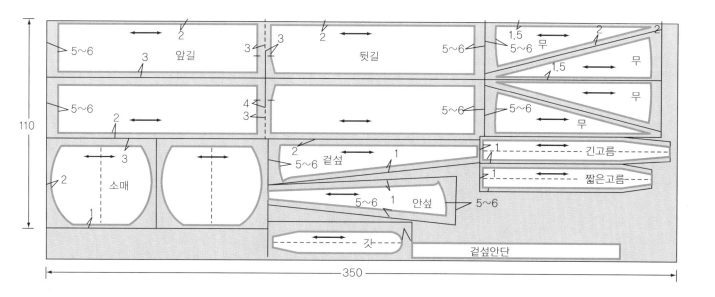

그림 Ⅳ-159. 두루마기 마름질

㉠ 옷감의 필요량은 옷감의 폭에 따라 다르며, 같은쪽의 감일 경우에도 옷감
  의 무늬나 입는 사람의 체격에 따라 차이가 있으므로, 정확하게 계산하여
  준비해야 한다.

㉡ 두루마기는 겹저고리와 같이 모두 직선으로 마름질하기 때문에 시접에 여
  유분이 많아서 옷을 다시 크게 만들려면 시접을 이용할 수 있다.

㉢ 품, 길이, 화장 등을 늘릴 수 있도록 어깨, 등솔, 진동, 섶, 무, 안깃끝 등
  에는 시접을 2~3cm 정도 넣고, 그 외의 부분에는 1~1.5cm로 넣고, 단너
  비를 5~6cm로 한다.

㉣ 겉섶과 안섶의 안팎이 뒤집히지 않도록 주의하고, 안섶은 제물단을 붙여서
  마름질을 한다.

㉤ 안감은 마름질한 겉감을 맞대어 놓고, 똑같이 마르거나 섶과 무를 길에 붙
  여서 마르기도 한다. 길이는 겉감보다 2~3cm 짧게 한다.

㉥ 겉감과 같이 심감을 마름질한다.

(3) 바느질

모든 바느질 과정에서 겉감의 안쪽에 심감을 대고 핀시침한 후 바느질한다.

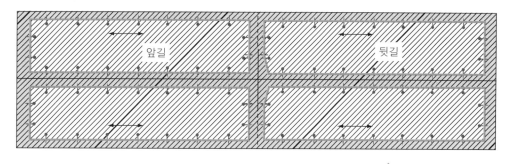

그림 Ⅳ-160. 심감 핀시침하기

① 어깨솔, 등솔박기
㉠ 어깨솔기는 고대접까지만 박고 시접은 뒷길쪽으로 꺾는다.
㉡ 등솔은 좌우를 가지런히 맞추어서 박고, 시접은 입어서 오른쪽으로 꺾는다.

② 섶달기
㉠ 심을 댄 겉섶의 직선솔기를 꺾어 앞길 왼쪽 섶선에 풀로 가볍게 붙인 후 겉섶을 길쪽으로 넘겨서 박고, 시접은 섶쪽으로 꺾는다.
㉡ 겉섶을 단 후 겉섶에 안단을 0.5~1cm위로 올려 놓고 박은 후 시접은 길쪽으로 꺾는다.
㉢ 심을 댄 안섶은 사선쪽의 솔기를 꺾어 앞길 오른쪽의 등솔선과 같은 위치에 붙인 후, 시접은 길쪽으로 꺾는다. 안섶과 안단이 연결되는 솔기의 경우에는 꼬집어 박아준다.

③ 무달기
㉠ 무의 어슨올을 꺾어서 길에 대고 시침하여 박고 시접은 길쪽으로 꺾는다.
㉡ 무의 윗부분은 표한 곳까지만 박되 되돌아 박으며, 진동이 편하게 무의 윗쪽 시접을 접어 놓고 바느질한다.
㉢ 무의 어슨올 부분은 늘어나기 쉬우므로 길을 무 위에 놓고 박는다.
㉣ 같은 방법으로 앞뒷길 좌우에 무를 단다.

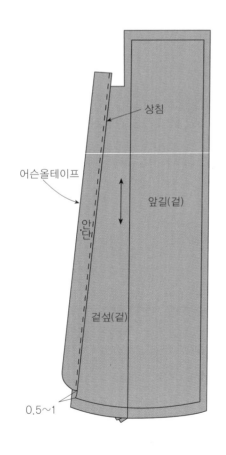

그림 Ⅳ-161. 겉섶 안단달기

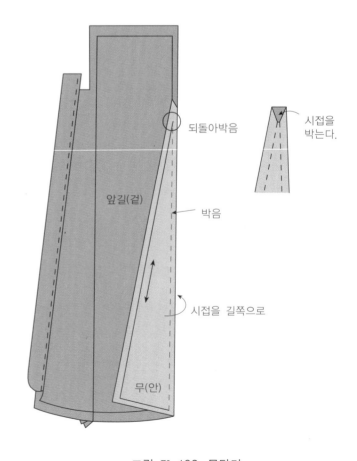

그림 Ⅳ-162. 무달기

④ 소매붙이기

㉠ 소매중심을 어깨솔기에 맞추어 진동선을 시침질한 다음 진동 길이만큼 박는다. 이때, 진동 양 끝은 되돌아 박는다.

㉡ 시접은 가름솔로 한다.

⑤ 안만들기

겉감과 똑같은 방법으로 안감을 바느질한다.

⑥ 안팎감붙이기

㉠ 안팎감을 겉끼리 맞대어 고대중심과 어깨솔, 진동솔 등을 맞추어 시침하고 부리를 박는다.

㉡ 이때 겉감이 안감보다 0.3cm 정도 크게 되도록 겉감을 밀어 넣고 박아야 뒤집었을 때에 안이 겉으로 밀려 나오지 않는다.

㉢ 시접은 겉감쪽으로 꺾는다.

⑦ 배래하기

㉠ 겉감과 안감의 어깨솔 부분을 각각 따로 잡고, 안팎 뒷길 사이로 앞길을 끼워 넣은 다음, 소매의 앞뒤 안팎감 4겹을 가지런히 맞추어 놓고 배래를 박는다.

㉡ 이때 겉감 소매가 안감 소매보다 작아지지 않도록 겉감을 밀어 넣어 가면서 시침하여 박는다.

㉢ 배래의 둥근 부분의 시접은 저고리와 같이 홈질하여 잡아당겨서 오그리고, 시접은 겉감쪽으로 꺾는다.

⑧ 옆선박기

아귀부분만 남기고 겨드랑이부터 옆솔을 박아 내려오는데, 아귀끝부분도 되돌아 박는다. 이때 겉감은 겉감, 안감은 안감끼리 박으며 시접은 가름솔로 한다.

⑨ 뒤집기

전체적으로 시접을 다시 한번 손질하고 깨끗이 정리한 다음 뒤집는다.

⑩ 섶안단과 안감잇기

㉠ 안팎감을 잘 맞추어 시침한 다음, 겉섶과 안섶의 안단과 안감을 박는다.

㉡ 근래에는 안단의 가장자리에 어슨올 테이프를 좁게 대어 박고, 안감과 새발뜨기로 고정시켜 장식을 겸하는 바느질 방법을 많이 이용한다.

⑪ 깃달기

깃만들어 달기는 저고리 깃만들기를 참조한다.

⑫ 아래단하기

안팎감을 잘 맞춘 다음, 아귀의 안팎 시접을 맞대어 공그르거나 새발뜨기를 한 후, 단을 접어 올리고 안감이 여유있게 접힌 상태에서 겉감보다 2cm 정도 짧게 하여 속으로 새발뜨기를 한다.

⑬ **고름과 동정달기**

고름과 동정을 정해진 위치에 단다.

⑭ **뒷정리하기**

전체적으로 잘 다려서 개켜 둔다. 다릴 때에는 안부터 먼저 다리고, 겉은 나중에 다린다.

2) 남자 두루마기 만들기

두루마기는 갑오개혁 이후 남자들이 도포 대신에 겉옷으로 입기 시작하면서부터 지금까지 4계절 예복으로 착용되고 있다. 외출할 때는 두루마기를 입는 것이 예의이며, 실내에서도 제례를 행하거나 세배를 할 때에는 반드시 입어야 한다. 두루마기에는 홑두루마기, 겹두루마기, 솜두루마기가 있다.

그림 Ⅳ-163. 남자 두루마기의 형태

(1) 본뜨기

두루마기를 만드는 기본 치수는 가슴둘레, 두루마기길이, 화장이다.

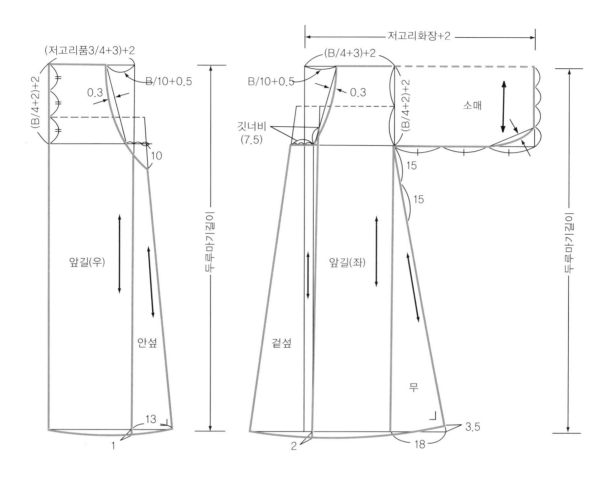

그림 Ⅳ-164. 남자 두루마기 본뜨기

표 Ⅳ-7. 남자 두루마기의 참고치수

(단위 : cm)

부위\크기	길이	가슴둘레	화장	겉섶너비		안섶너비		고름너비	고름길이		안고름길이		깃	
				상	하	상	하		장	단	장	단	너비	길이
대	125	100	81	10	17	7	13	8	20	105	45	40	8	29
중	120	95	78	9.5	16	6	12	7	15	100	40	35	7.5	28
소	115	90	75	9	15	5	11.5	7	10	95	40	35	7	27

(2) 마름질

두루마기는 옷의 치수가 커서 실수하기 쉬우므로 정확히 배치한 후에 마르도록 하고, 각 부분에 넣는 시접량은 여자두루마기와 같게 한다.

〈재료〉
● 겉감 : 90cm 너비, 길이×2+소매너비×4+긴고름길이+시접
    =470~480cm
    110cm 너비, 길이×2+소매너비×2+시접=340~350cm
● 안감 : 겉감과 같음

(3) 바느질

여자두루마기의 바느질법과 같다.
㉠ 홑단두루마기는 주로 춘추용으로 홑두루마기이다. 겉바대를 대고 겉섶과 안섶에 다른 단을 대고, 도련과 부리는 안단만큼 5~6cm 겉을 안으로 접어 넘겨서 공그르기한다.
㉡ 박이두루마기는 홑두루마기로서 솔기를 곱솔로 하고 베나 모시로 만든다.

3) 어린이 오방장 두루마기 만들기

오방장 두루마기는 주로 상류층 가정에서 남자 어린이들에게 입힌 것이다. 이 오방장 두루마기의 오방색은 오행설에서 연유된 것으로서, 동쪽의 청색, 서쪽의 백색, 북쪽의 흑색, 중앙의 황색의 다섯가지 색깔을 말한다. 이 오방색이 잡귀를 물리치고 오방으로부터 행운이 들어오기를 기원하는 뜻에서 어린이에게 오방장두루마기를 입혔다. 길은 연두색, 소매는 연두색이나 색동, 섶은 노란색, 무는 자주색, 끝동·깃·고름은 남색으로 한다. 여자어린이의 경우는 남색무에 자주색 깃, 고름, 끝동을 단다.

그림 Ⅳ-165. 오방장 두루마기의 형태와 부분색상

(1) 본뜨기

오방장 두루마기 본뜨기에 필요한 치수는 가슴둘레와 화장, 옷길이(두루마기 길이)이다.

오방장 두루마기는 저고리, 조끼 마고자를 입은 위에 입으므로 본뜨기에 유의해야 한다. 깃머리 등은 여자 저고리 본뜨기를 참조한다. 또 안섶선을 정하는 길이 6~7cm는 나이에 따라 부드러운 곡선이 되도록 가감하여 준다.

표 Ⅳ-4. 남자어린이 두루마기의 참고치수 (단위 : cm)

부위 크기	가슴둘레	등길이	화장	옷길이	고름		
					너비	긴고름길이	짧은고름길이
1～2세	52	21	36	52	5	70	25
4～5세	60	25	30	65	6	80～90	35

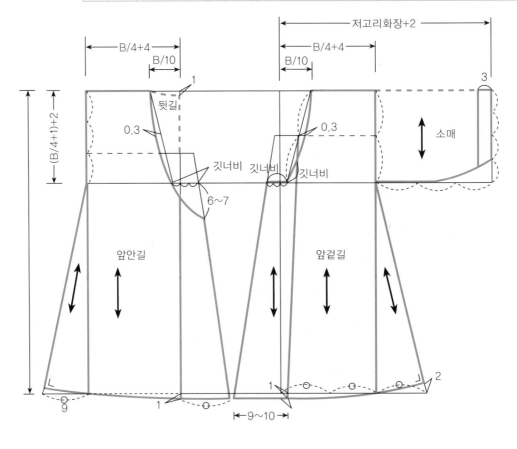

그림 Ⅳ-166. 오방장 두루마기의 본뜨기

(2) 마름질

옷감의 올을 바로잡아 다린 다음, 그림 Ⅳ-168과 같이 마름질한다. 깃, 소매, 무, 겉섶, 안섶은 다른색 천으로 마름질한다.

〈재료〉

● 겉감 : 돌쟁이 기준일 때
● 길 : 연두색, 85×55cm
● 소매 : 색동 또는 길과 같은 색, 48×34cm
● 섶 : 노란색, 23×42cm
● 무 : 자주색, 33×38cm
● 끝동, 고름, 깃 : 남색, 29×92cm
● 안감 : 꽃분홍색, 110cm 너비, (길이+시접)×2

〈오방장두루마기 배색〉

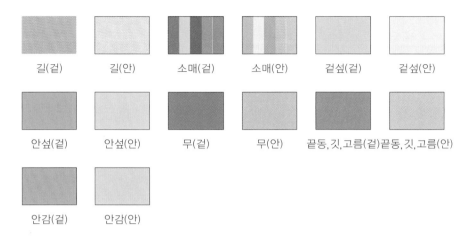

길(겉)	길(안)	소매(겉)	소매(안)	겉섶(겉)	겉섶(안)

안섶(겉)	안섶(안)	무(겉)	무(안)	끝동,깃,고름(겉)	끝동,깃,고름(안)

안감(겉)	안감(안)

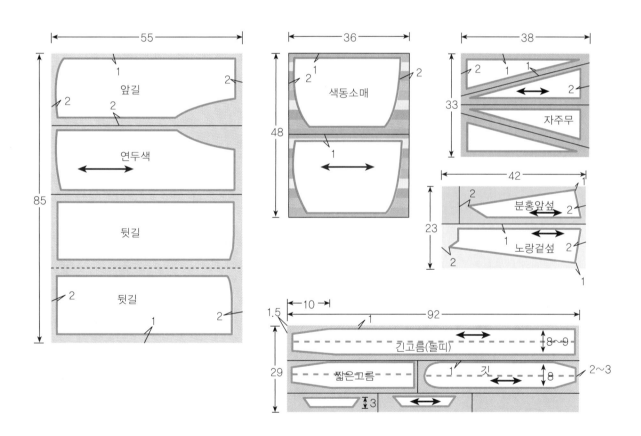

그림 Ⅳ-167. 오방장 두루마기 겉감 마름질

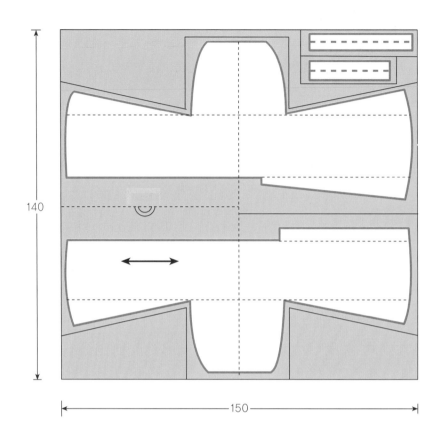

그림 Ⅳ-168. 오방장 두루마기 안감 마름질

(3) 바느질

① 등솔과 어깨솔하기

등솔을 박은 다음 , 시접을 입어서 오른쪽으로 가게 꺾는
다. 어깨선을 박아 시접을 뒤로 꺾는다.

② 섶달기

겉섶은 곧은올을 길의 섶선에 대고 박아서 시접을 섶쪽으
로 꺾고, 안섶은 어슨올을 길의 섶선에 대고 박아 시접을 길
쪽으로 꺾는다.

③ 무달기

무의 어슨솔기를 앞길과 뒷길의 옆선에 대고 박는다. 무의
윗부분은 진동점까지만 박고 되돌아 박아야 하며, 어슨올은
늘어나기 쉬우므로 길을 무 위에 놓고 박는 것이 좋다.

④ 소매달기

색동은 각각 박아서 가름솔하거나, 색동을 염색한 직물을
사용한다. 어깨솔과 소매의 중심선을 잘 맞춰 진동선을 박되,
진동끝점까지만 박고 진동끝점은 되돌아 박음질한다. 시접은
가름솔로 한다.

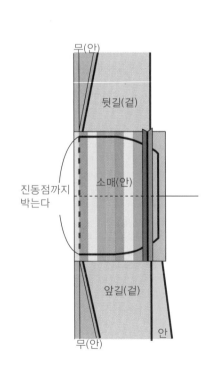

그림 Ⅳ-169. 소매달기

⑤ 배래와 옆선박기

배래와 무의 앞뒤를 가지런히 핀시침해 놓고 배래와 옆선을 박는다. 이때 시접은 뒷길로 보낸다.

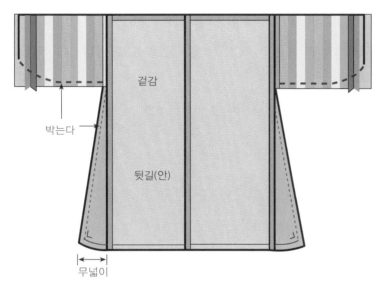

그림 Ⅳ-170. 배래와 옆선박기

⑥ 안만들기

겉과 마찬가지로 만들되, 겉섶과 안섶의 위치는 겉과 반대가 되도록 단다.

⑦ 안팎끼기

안감과 겉감이 서로 겉끼리 마주 닿도록 안감을 뒤집어서 겉감쪽에 낀다. 안팎을 반듯하게 맞추어 핀시침을 해 놓고 겉섶, 도련, 안섶 순으로 섶선과 도련선을 박는다. 입었을 때에 안감이 빠져 나오지 않도록 겉감을 0.2~0.3cm 안으로 밀어 넣어 박아주고, 시접은 실선대로 꺾어서 겉감쪽으로 넘겨 다린다.

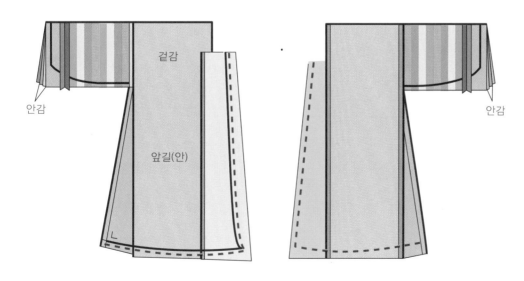

그림 Ⅳ-171. 섶, 도련박기

⑧ 부리박기

섶선과 도련을 박고 나서 겉속에 든 안감의 소매를 뒤집어 빼내어 부리를 마주대어 놓고 박는다. 이때 시접은 겉감쪽으로 꺾어 다린다.

⑨ 마무르기

뒤집은 것을 잘 만져서 정리한 후에 무, 섶, 등솔 등에 시침한 다음 안감이 빠져 나오지 않도록 겉에서 다려 준다.

⑩ 깃달기

깃을 달기 전에 고대점이 명확히 드러나도록 꺾어 놓고, 안팎감이 밀리지 않도록 시침한 다음 깃을 단다. 여자 민저고리를 참조한다.

⑪ 고름달기

저고리와 같은 방법으로 고름과 동정을 달되, 동저의 너비는 약간 더 넓은 것을 단다.

⑫ 동정달기

여자 민저고리를 참조하여 단다.

5. 단수의

<단수의 역사적 변천>

단수의(短袖衣)는 소매가 없거나 짧은 옷을 말하며 통칭 무수의(無袖衣), 반비 (半臂), 반수의(半袖衣) 등을 포함하는데, 팔꿈치 정도의 길이를 넘지 않는 짧은 소매가 달리거나 달리지 않은 옷을 이 범주에 넣을 수 있다.

■ 상대(上代)의 단수의(短袖衣)

통일신라시대 전으로 거슬러 올라간 단수의에 관한 문헌상의 기록은 아직 없다. 그러나 고구려 벽화에는 안악 3호분 완비가 운당초문이 수놓였거나 직금한 화려한 반비형 의복을 입고 있고 고구려 감신총 인물이 반비형의 의복을 겉옷으로 착용하고 있음을 볼 수 있다.

그리고 단수의에 관한 최초의 기록은 [삼국사기]에 나타나는데 여기에서는 반비와 배당으로 표기하고 있고 통일신라기에 속하는 시기이다. 삼국을 통일한 신라는 당나라와의 빈번한 교류로 문화의 황금기를 맞이하면서, 중국복식이 공식적으로 신라에 들어오는 복식문화의 수입이 이루어졌던 시기이기 때문에 반비 (半臂)와 배당(褙襠)은 중국복식으로 생각되는 단수의인 것이다.

그림 Ⅳ-172. 협힐라빈비(정창원보물)

■ 고려시대의 단수의

고려시대 단수의의 유물로는 문수사, 해인사 복장유물 중 답호(褡𧘋)가 있다. 이는 반수의에 이중깃이며 포의 옆에 무가 있고 양 겨드랑이 밑에 주름이 있다. 재료는 백저(흰색모시)와 소색마포로 만들었다.

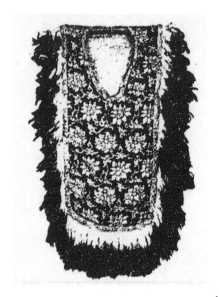

그림 Ⅳ-173. 양당(나라조 복식의 연구)

■ 조선시대의 단수의

〈조선전기〉

조선전기의 단수의로는 답호, 몽두의가 있다. 답호는 군신의 상복으로 철릭 위에 입거나, 곤룡포나 단령 밑의 중의로 착용하였으며 또한 상을 당했을 때의 의식적인 흉례에서 답호를 사용하였다.

〈조선후기〉

조선후기의 남자 단수의로는 쾌자(快子)가 있는데 걸쳐입는 옷을 뜻한다. 또 전시의 의복인 전복(戰服)은 답호와 그 제도가 비슷하고 구군복의 동다리 위에 덧입었다. 하급군졸, 관예(官隷)용의 호의(號衣)가 있는데 일명 더그레라 하였고 나장용은 반소매의 반비(半臂)가 있다.

여자의 단수의는 옷길이가 긴 소매 있는 바자형의 몽두의와 국말에 길이가 짧아져 저고리길이와 같게 된 짧은 배자가 있다.

〈근세〉

근세의 단수의는 갑오개혁 이후 남자용 양복의 한 형태인 조끼가 일반에게 보급되어 한복의 복제로 고착되었다.

여자용 단배자는 장식용과 방한용으로 입혀지고 있으며 남자의 전복은 무녀복과 남자아이의 옷으로 입고 있다.

1) 여자 배자 만들기

배자는 저고리 위에 덧입는 소매가 없는 조끼모양의 옷이다. 조선 후기에 많이 입었으며, 안에는 모피를 대고 앞길과 뒷길로 구성되어 있고 당코깃으로 된 쌍깃에 동정을 단다. 겨울에 입는 것이므로 견직물이 좋고, 화려한 색이 좋다.

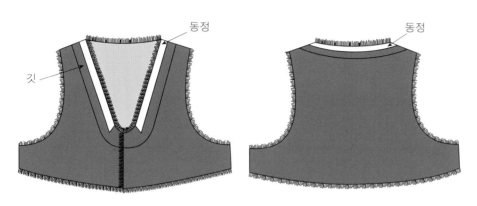

그림 Ⅳ-174. 배자의 형태와 부분명칭

(1) 본뜨기

저고리 위에 입는 옷이므로 길이와 품이 저고리보다 1~2cm 더 크게 만든다.

표 Ⅳ-9. 배자의 참고치수 (단위 : cm)

부위 크기	길이	뒷품	고대	진동	어깨너비	깃길이	깃너비	동정너비
대	31	52	18	24	8	23	3.5	1.2
중	30	50	17.5	23.5	7	22	3	1
소	29	48	17	23	7	21	3	1

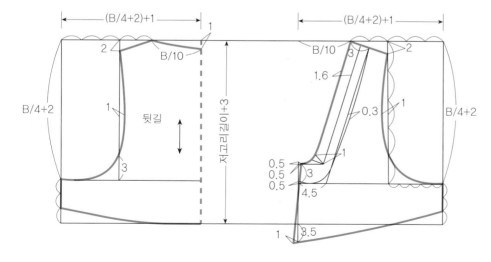

그림 Ⅳ-175. 배자제도

(2) 마름질

㉠ 배자는 등솔기를 하지 않고 골로 마른다

㉡ 깃은 따로 뜨지 않고 제물깃으로 하기 때문에 앞길에 붙여서 마른다. 각 부분에는 시접 1cm씩만 남긴다.

〈재료〉

● 겉감 : 70cm 너비, (길이×1.5+시접)=45~50cm
　　　　　110cm 너비, (길이+시접)=32~35cm

〈배자배색〉

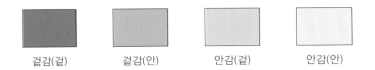

| 겉감(겉) | 겉감(안) | 안감(겉) | 안감(안) |

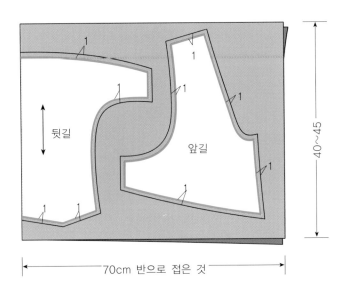

뒷길

앞길

40~45

70cm 반으로 접은 것

그림 Ⅳ-176. 배자 마름질

(3) 바느질

① 앞길

㉠ 깃은 제물깃으로 하기 때문에 깃선을 꺾어 안쪽에서 0.3cm 정도만 물리도록 박는다.

㉡ 앞길의 겉감과 안감의 겉을 마주대고 진동, 앞깃의 곡선, 도련을 바느질하고 곡선에는 가위선을 주어 겉쪽으로 시접을 꺾어 뒤집는다.

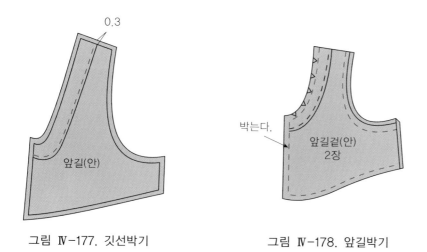

그림 Ⅳ-177. 깃선박기   그림 Ⅳ-178. 앞길박기

② 뒷길

뒷길의 진동과 깃 도련을 바느질하고 곡선에 가위선을 주며 시접은 겉쪽으로 꺾는다.

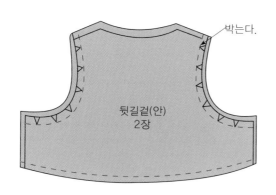

그림 Ⅳ-179. 뒷길박기

③ 앞뒷길 맞추어 어깨옆선 박기

뒷길과 앞길의 겉을 마주 닿도록 뒷길의 속으로 앞길을 끼워서 바느질 한다. 한쪽 옆선은 4장을 같이 바느질하고 한쪽 옆선은 중간에 안 1장을 남겨 두고 3장만 바느질한다.

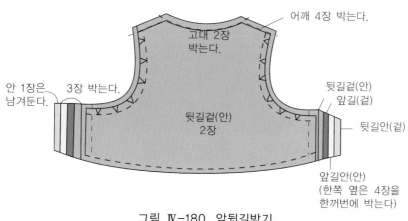

그림 Ⅳ-180. 앞뒷길박기

④ 뒤집기

남겨둔 안 1장 사이로 뒤집어서 창구멍을 공그른다.

⑤ 동정달기

완전히 만들어진 동정을 원형 위치에 단다.

⑥ 털달기

안 전체에 털을 넣는 것이 원칙이나 도련, 진동둘레에만 2~3cm 너비의 털을
시쳐서 두루는 경우도 있다.

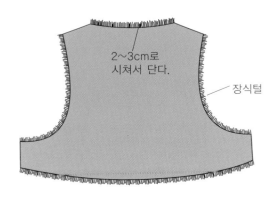

그림 Ⅳ-181. 장식털대기

2) 남자 조끼 만들기

조끼는 갑오개혁 이후에 양복이 들어오면서 종래의 배자와 양복의 베스트가 절충하여 생긴 옷이다. 저고리 위에 덧입는 옷으로 저고리의 앞여밈을 잘 정돈해주며 주머니가 달려 있어 소지품을 보관하기에 편리하다. 조끼의 천은 흔히 마고자와 같은 색상으로 한다.

길이는 저고리보다 1~1.5cm 길게 하고, 고대는 같게 하여 저고리의 깃선이 보이지 않도록 한다.

봄, 가을, 겨울에는 겹조끼를 입고, 여름에는 홑조끼를 입는다.

그림 Ⅳ-182. 조끼의 형태와 부분명칭

(1) 본뜨기

조끼는 저고리를 기준으로 하여 치수를 계산하므로 조끼의 필요치수는 가슴둘레와 저고리길이이다.

표 Ⅳ-10. 남자조끼의 참고 치수 (단위 : cm)

부위 크기	길이	가슴둘레	진동	어깨너비	큰주머니 너비	작은주머니 너비
대	63	100	29.5	9	15	12
중	60	94	28	8	13	10
소	58	85	26	8	12	9

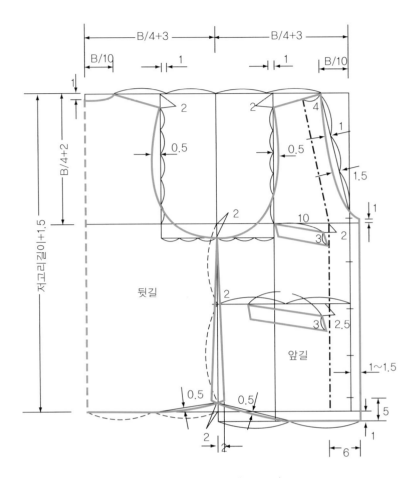

B/4+3   B/4+3

B/10   1   1   B/10

1

B/4+2

저고리길이+1.5

2   2   4

0.5   0.5   1

1.5

2   10   1

3   2

뒷길

2

3   2.5

앞길   1~1.5

0.5   0.5   5

2   1

2   6

그림 Ⅳ-183. 조끼 본뜨기

(2) 마름질

조끼는 안단과 주머니분이 더 필요하다. 겉감으로는 안단과 입술감을 준비하고, 안감으로는 주머니 속감을 준비한다.

〈재료〉

● 겉감 : 110cm 너비, 길이×1.5+시접=100cm 정도
● 안감 : 겉감과 같음
● 심감 : 단추 5개

〈조끼 배색〉

겉감(겉)   겉감(안)   심감   바대표시

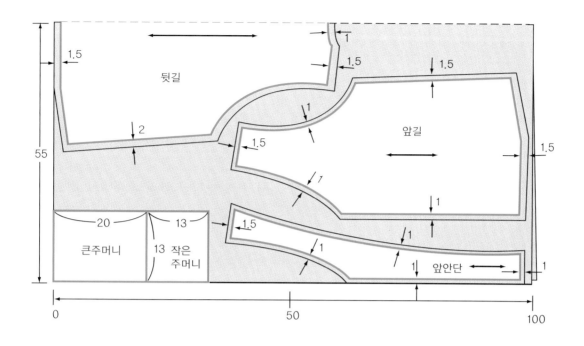

그림 Ⅳ-184. 110cm 마름질

(3) 바느질

① 입술주머니 만들기

㉠ 겉감의 입술주머니감 안쪽에 뚜껑모양으로 오린 심감을 그림 Ⅳ-185(a)의
   A선 위쪽에 붙인다.

㉡ A선을 그림 (b)와 같이 접은 다음, 2줄 상침을 한다.

㉢ 주머니 몸체 양쪽에 가윗집을 넣고, 심감을 덮고 있는 부분의 시접 부분을
   심감 모양대로 안쪽으로 접어 풀로 붙여 그림 (c)와 같이 뚜껑모양을 만든
   다.

② 주머니달기

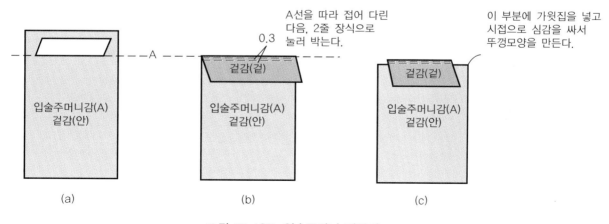

그림 Ⅳ-185. 입술주머니 만들기

ㄱ 앞길에 주머니 입구의 위치를 표시하여 에인다. 주머니입구는 뚜껑의 길이 보다 양 옆에서 2~3cm씩 짧게 자른다.

ㄴ 그림 Ⅳ-186(a)와 같이 안주머니감(B)의 시접을 꺾어 주머니 입구의 윗시 접에 0.5cm 정도 포개어 대고 겉에서 눌러 박은 다음, 안주머니감(B)을 길 안쪽으로 보낸다.

ㄷ 입술주머니감(A)를 뚜껑의 길의 겉쪽에 있도록 주머니입구에 끼워서 시침 하여 위치를 고정시킨 다음, 길 안쪽에 보냈던 안주머니감 부분을 그림(b) 과 같이 위로 제껴 올리고, 길과 주머니 입술의 밑부분을 눌러박아 고정시 킨다.

ㄹ 꺾어 올렸던 안주머니감(B) 부분을 다시 아래로 내리고 뚜껑 양 옆부분을 2줄 상침으로 한다.

ㅁ 안쪽에서 안주머니감(B)과 입술주머니감(A)을 한꺼번에 주머니 모양대로 박아 붙인다.

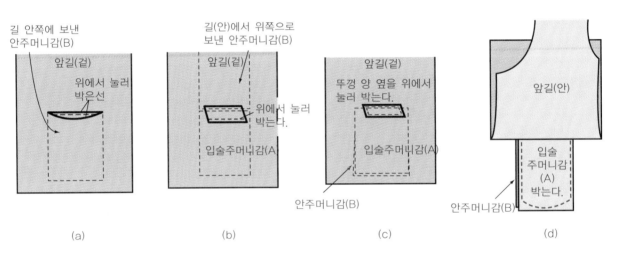

그림 Ⅳ-186. 주머니달기

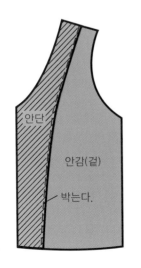

그림 Ⅳ-187. 안단대기

③ 안단대기

안단 시접분을 꺾어서 안감 위에 대고, 겉에서 눌러 박는다.

④ 앞 · 뒷길 만들기

㉠ 앞길 안팎을 겉끼리 맞대어, 어깨와 옆선만 남기고 진동과 깃선, 섶선, 도
련을 박는다. 이때 겉감이 안감보다 0.3cm 정도 크게 되도록 박는다.

㉡ 뒷길의 안팎을 겉끼리 맞추어 진동선과 목둘레선, 도련을 박은 다음, 뒤집
지는 말고 시접을 겉감쪽으로 꺾어 놓는다.

⑤ 앞 · 뒷길 어깨와 옆선붙이기

㉠ 뒷길 속에 앞길을 넣어 어깨와 옆선을 잘 맞추고 양 어깨솔기와 옆솔기를
합쳐 4겹을 박는다. 이때 한쪽 옆솔기의 15cm 정도는 안감 1장을 젖히고
3겹만 박아, 안감쪽에 창구멍을 낸다.

㉡ 곡선시접은 가윗집을 넣어 곡선이 곱게 되도록 하고, 시접은 겉감쪽으로
꺾는다.

㉢ 창구멍으로 뒤집은 다음, 창구멍을 공그르거나 곱게 감침질한다.

⑥ 눌러박기

뒤집어 놓은 것을 반듯하게 손질한 다음 2줄로 눌러 박는다.

그림 Ⅳ-188. 눌러박기

⑦ 단추구멍하기와 단추달기

㉠ 앞겉길에 단추구멍 위치를 표시하고 베어 단추구멍을 만든다.

㉡ 안길에 단추를 단다.

3) 남자 배자 만들기

배자는 저고리 위에 덧입는 소매가 없는 조끼 모양의 옷이다. 배자는 뒷길이
가 길고 앞길이가 짧으며, 양 옆이 완전히 트여 있다. 깃과 동정이 있고 앞자락
에는 양 옆에 끈을 달고 뒤에는 고리를 달아 앞자락의 끈이 고리를 통하여 앞에
서 맨다.

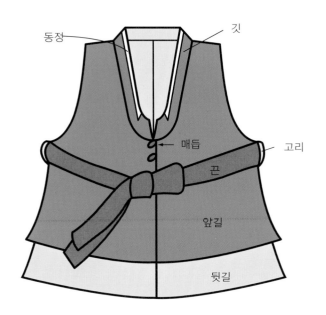

그림 Ⅳ-189. 배자의 형태와 부분 명칭

(1) 본뜨기

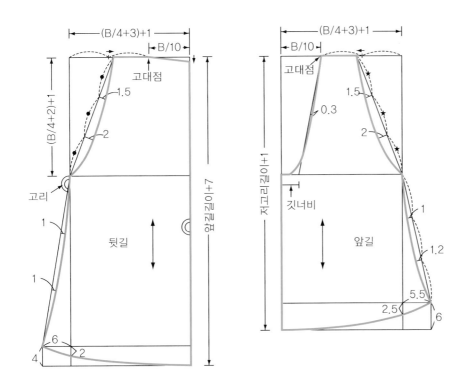

그림 Ⅳ-190. 배자 제도

(2) 마름질

〈재료〉

55 ～ 60 cm 너비 ; (앞길길이 + 뒷길길이) × 2 + 시접=255 ～ 260 cm

70 cm 너비 ; (뒷길길이 × 2 + 시접)=135 ～ 140 cm

110 cm 너비 ; (앞길길이 + 뒷길길이 + 시접)=130 cm

〈배자 배색〉

겉감(겉)   겉감(안)   안감(겉)

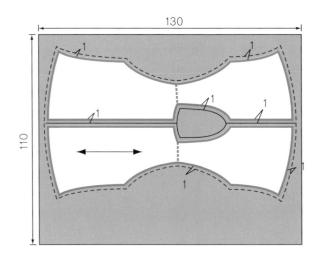

그림 Ⅳ-191. 배자 마름질

ㄱ 어깨선을 연결하여 1장으로 마름질한다.
ㄴ 끈을 마른다.

(3) 바느질

① 등솔박기

좌우 뒷길을 겉끼리 마주 대고 등솔을 박는다. 시접은 입어서 오른쪽으로 가도록 꺾어 넘긴다.

② 끈만들기, 헝겊고리만들기

ㄱ 끈을 만든다(그림 Ⅲ-9).
ㄴ 헝겊고리를 만든다(그림 Ⅲ-10).

③ 겉감과 안감박기

ㄱ 겉감과 안감을 마주 대고 앞선, 앞길, 뒷길, 도련선, 진동선, 옆선둘레를 모두 바느질하여 겉감쪽으로 시접을 꺾어 다린다.
ㄴ 이때 앞길 진동선 밑으로 끈을 껴서 박고, 뒷길 진동선 밑으로는 고리를 껴서 박는다.

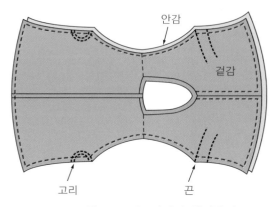

그림 Ⅳ-192. 겉감과 안감박기

④ 뒤집기

겉감의 깃 고대쪽으로 손을 넣어 길을 뒤집은 다음 잘 만져서 모양을 정돈한다.

⑤ 깃달기

㉠ 깃의 겉감과 안감의 겉을 마주 대어 깃의 안쪽을 바느질한다.

㉡ 겉깃의 겉과 안깃의 겉을 맞대어 놓고 깃의 좌우가 같은 모양이 되게 그림 Ⅳ-193과 같이 박는다.

㉢ 곡선에 가윗집을 넣어 시접을 겉쪽으로 꺾은 다음 겉깃을 뒤집는다. 겉깃을 뒤집은 안에 대고 곡선 시접을 홈질하여 당겨서 깃머리 모양을 예쁘게 다린다.

㉣ 길의 겉감에 겉깃의 뒤중심선, 고대의 끝점을 맞추고 앞중심선에 겉깃의 깃머리를 맞추어 놓고 시친다. 이때 조우의 깃이 대칭으로 똑같게 놓여져야 하므로 고대중심으로부터 양쪽으로 시쳐 나간다.

㉤ 저고리 깃다는 방법과 같이 깃을 달아준다.

목둘레쪽 박기

곡선부분의 시접 에어주기

그림 Ⅳ-193. 깃만들기

⑥ 동정달기

완전히 만들어진 동정을 원형 위치에 단다.

⑦ 단추달기

앞중심에 깃이 끝나는 부분에 매듭단추를 단다.

4) 어린이 전복 만들기

전복은 과거에는 반가의 관례 이전 남아들이 입던 것으로, 간혹 성인 남성들도 입었으며, 요즈음에는 남아 돌쟁이의 예복으로 마련하고 있다. 전복은 소매가 없으며 앞뒤, 양 옆이 트여 편리하다. 두루마기 위에 입는다. 또한 전복은 주로 남색을 사용하여 술띠를 매며 돌쟁이는 돌띠를 매기도 한다.

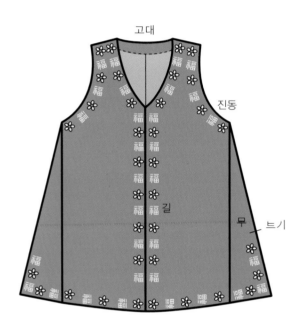

그림 Ⅳ-194. 전복의 형태와 부분명칭

(1) 본뜨기

전복의 기본 치수는 가슴둘레와 전복길이이다. 전복의 길이는 두루마기 길이에 1cm를 더하여 제도한다.

표 Ⅳ-11. 남자어린이 전복의 참고 치수　　　　　　(단위 : cm)

부위 크기	길이	어깨	앞깃길이	섶단	아랫단	가슴둘레
1~2세	50	5	12	2.5	3.5	52
4~5세	60	6	14	3	4	56

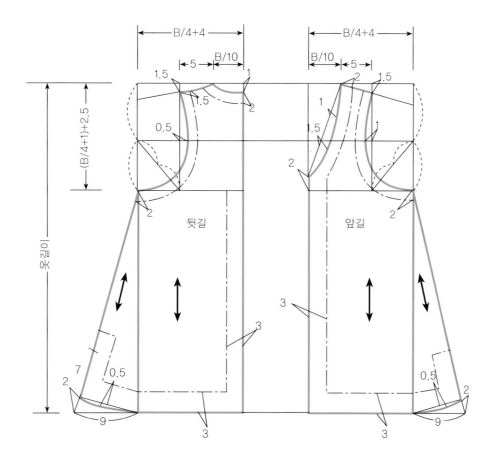

그림 Ⅳ-195. 전복 본뜨기

(2) 마름질

① 앞뒷길 각각 2장씩과 무 4장을 마름질하고, 남은 부분에서 목둘레와 진동
   부분의 안단을 마른다.
② 그밖의 안단은 모두 제물단으로 붙여서 마르고, 천이 넉넉할 경우에는 길
   과 무를 붙여서 마르기도 한다.

〈재료〉

● 전복 : 75cm 너비, (길이+시접)×2=110~130
● 술띠

〈전복 배색〉

겉감(겉)   겉감(안)

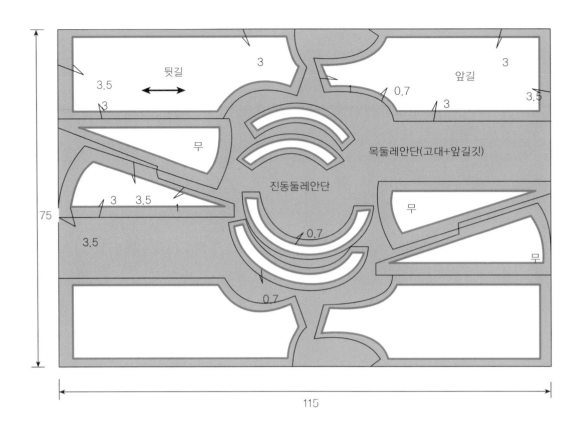

뒷길

앞길

3.5

3

3

3.5

3

0.7

3

무

목둘레안단(고대+앞길깃)

진동둘레안단

3

3.5

1

무

무

3.5

0.7

0.7

75

115

그림 Ⅳ-196. 전복 마름질

(3) 바느질

① 등솔과 어깨솔박기

등솔은 트기 치수 윗부분인 진동까지만 박고 아래는 터 놓으며, 시접은 가름솔로 한다. 어깨솔기는 박아서 시접을 두로 넘기거나 가름솔로 한다.

② 무달기

무는 두루마기 바느질과 같은 방법으로, 어슬올쪽을 길에 대고 박아 시접을 길쪽으로 꺾는다.

③ 옆선박기

앞뒤 무의 옆선솔기는 박는데, 밑에서 트기부분인 7~8cm 정도 남기고 박는다. 시접은 가름솔로 한다.

④ 안단하기

고대와 진동의 안단을 길의 겉에 대고 박아 안으로 꺾어 넘긴 다음, 시접을 접어 넣고 공그르기를 한다. 선단과 아랫단은 단분을 꺾어 넘긴 다음, 시접끝을 접어 넣고 공그르기를 한다. 이때 단분의 모서리부분은 선단과 아랫단이 서로 사선으로 만나도록 접는다.

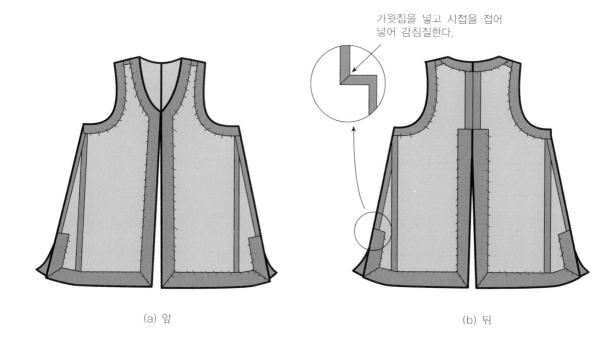

가윗집을 넣고 시접을 접어
넣어 감침질한다.

(a) 앞   (b) 뒤

그림 Ⅳ-197. 안단하기

⑤ 단추고리와 단추달기

단추는 입어서 오른쪽 길에 달고, 단추고리는 왼쪽에 오도록 단다.

⑥ 장식과 띠

완성된 전복에는 금박이나 은박으로 장식을 하고, 술이 달린 술띠나 돌띠를
맨다.

6. 당의 · 마고자

<당의의 역사적 변천>

당의(唐衣)는 예복중에서도 가장 간편하면서도 모양이 아름다운 옷으로 궁중이나 양반층에서는 간이예복 또는 소례복(小禮服)으로 평복(平服) 위에 착용하였다. 계절에 따라 재료를 다르게 해서 만들고 일년을 통해서 계속 착용되는 옷으로 비빈이 입는다. 직금(織金)당의나 금박을 찍은 당의에서부터 민가의 예복으로 입는 민당의도 있다.

당의는 겹당의, 홑당의의 두 종류가 있는데 겹당의는 겉은 연두색에 안은 다홍색 삼팔로 하고 고름은 자주색이며, 소매 끝에는 끝동과 같은 흰 천으로 된 "거들지(한삼대신으로 속에 흰 창호지를 넣어서 만들어 시친 것)"가 달려 있으며, 여름에는 당한삼이라고 하여 흰 홑당의를 입는다. 이 당한삼은 도련이나 소매부리 솔기를 아주 실낱같이 가늘게 하기 위하여 밀어가면서 감친다. 그리고 이 깎은 당한삼은 겹당의와 도련이 특이하게 다르다. 즉 당의의 특징은 뒤나 앞이나 길이 길게 늘어져서 양귀가 섶코같이 뾰족이 나왔는데 깎은 당한삼은 양귀가 저절로 안으로 접혀 들어가서 도련이 입체적으로 둥글게 된 점이다.

궁중에서는 5월 단오 전날 왕비가 당한삼으로 갈아입으면 단오날부터 궁중에서는 모두 당한삼으로 갈아입었으며 또 추석 전날 왕비가 다시 당의로 갈아입으

그림 Ⅳ-198. 덕혜옹주

며 추석 전날부터 궁중에서는 다시 당의로 갈아입었다. 이것은 반가에서도 그대로 하였으며 겨울철에는 자색(紫色)당의를 입기도 하였다.

궁중이나 양반의 집에서는 부녀자들이 소례복으로 탄일(誕日), 정조(正朝), 동지(冬至) 또 월령에 따라 행사가 있을 때 입었으며 국기(國忌)때나 상복(喪服)으로도 입었다. 그리고 아이들도 돌때나 명절에 당의를 입혔다.

당의는 한국의 전통적인 저고리 중에서 옆트임을 했던 것이 점진적으로 곡선으로 파여서 근대적인 형태로 발전하게 된 것이다.

1) 당의 만들기

당의는 간이 예복으로 저고리를 입은 위에 덧입었으며, 보통 겉은 초록이나 연두색으로 하고, 안은 다홍색을 넣으며, 자주색 고름을 달고 소매끝에는 끝동과 같이 흰색 거들지를 다는 것이 특징이다.

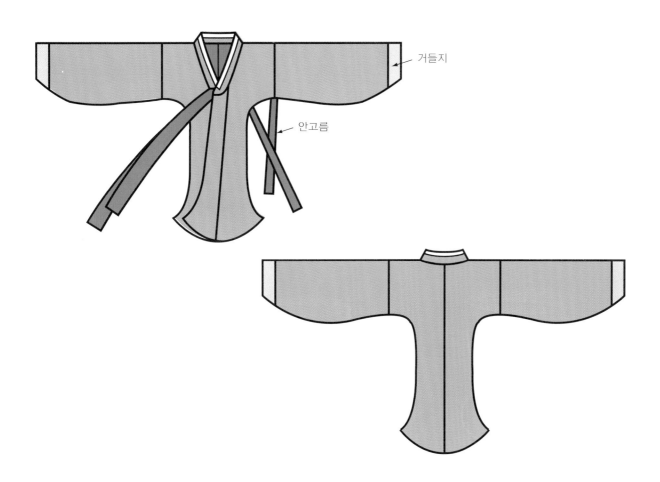

거들지

안고름

그림 Ⅳ-199. 당의의 형태와 부분명칭

(1) 본뜨기

필요한 기본치수는 가슴둘레, 당의길이, 화장으로 저고리와 같으나 길이만 긴 것이 다르다. 당의의 뒷길이는 등길이 + 30~35cm로 한다. 요즈음에는 취향에 따라 당의길이를 짧게 할 수 있다.

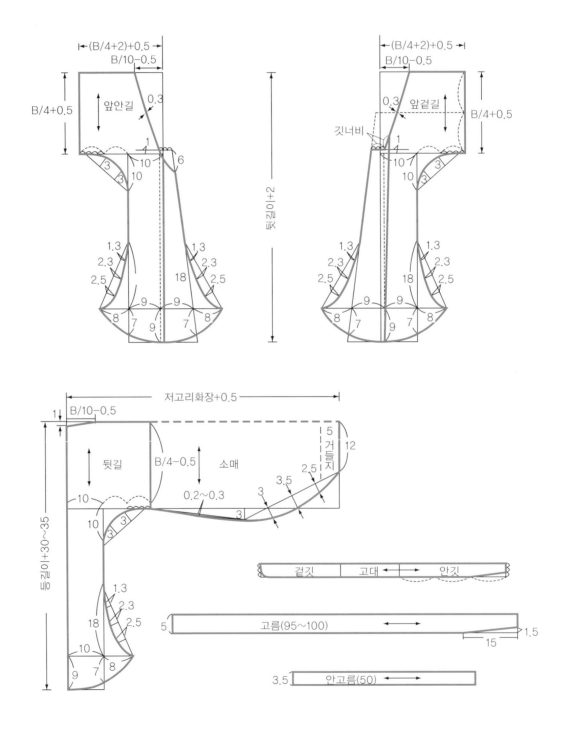

그림 Ⅳ-200. 당의 본뜨기

(2) 마름질

〈재료〉

● 겉감 : 110 cm 너비, 당의길이 + (소매너비 × 4) + 시접…190 ~ 200 cm
● 안감 : 겉감과 같음
● 고름감 : 50 cm 너비 × 100 cm
● 거들지감 : 16 cm 너비 × 44 cm

〈당의 배색〉

| 겉감(겉) | 겉감(안) | 안감(겉) | 거들지(겉) | 거들지(안) |

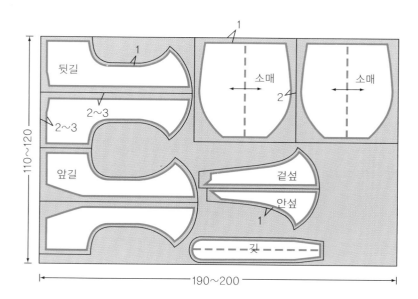

그림 Ⅳ-201. 당의 마름질

(3) 바느질

① 섶달기

㉠ 겉섶은 왼쪽 앞길 섶선에 겉섶의 겉을 놓고 박으며, 섶쪽으로 꺾어 다림질
한다. 겉섶을 붙여 마름질했을 때에는 섶선을 0.1~0.2cm 정도 꼬집어 박
아준다.

㉡ 안섶은 오른쪽 앞길 중심선에 안섶의 겉을 대고 박아 시접을 길쪽으로 꺾
는다. 안섶을 붙여 마름질했을 때에는 섶선을 0.1~0.2cm 꼬집어 박는다.

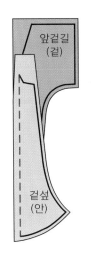
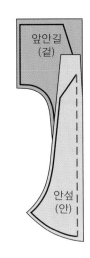

<table>
<tr><td>그림 Ⅳ-202. 겉섶달기</td><td>그림 Ⅳ-203. 안섶달기</td></tr>
</table>

② **등솔박기**

뒷중심선을 겉과 겉이 맞닿게 접어 박은 다음, 시접을 입어서 오른쪽으로 가도록 꺾는다.

③ **어깨솔기박기**

앞길과 뒷길의 어깨선을 겉과 겉이 마주 보게 놓고 소매끝에서 고대점까지 정확하게 박은 다음 풀리지 않도록 되돌아 박는다. 시접은 뒷길쪽으로 꺾는다.

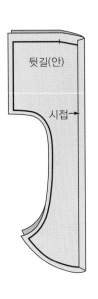
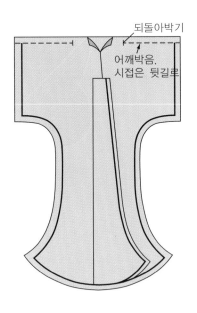

<table>
<tr><td>그림 Ⅳ-204. 등솔박기</td><td>그림 Ⅳ-205. 어깨솔하기</td></tr>
</table>

④ 소매달기

겉과 겉을 마주 보게 놓고 길의 어깨선과 소매의 중심선, 길의 진동과 소매의 진동선을 맞추어 완성선을 고운 땀으로 박고 가름솔로 처리한다.

⑤ 안만들기

안감은 섶과 어깨솔을 붙여 마름질하여 등솔을 박고 소매를 단다. 시접은 저고리와 같이 한다.

⑥ 안팎감 맞추어 부리, 도련하기

㉠ 안팎감을 겉끼리 마주 보게 놓고 고대 중심과 등솔, 어깨선 등을 맞추어 시침바늘로 고정시킨 후 부리를 박고 시접은 겉감쪽으로 꺾는다.

㉡ 앞길과 뒷길의 도련을 섶끝에서 진동선까지 곡선부분이 늘어나지 않게 정확하게 박는다.

㉢ 시접을 1cm로 고르게 베어 낸 다음, 곡선에 가윗집을 넣거나 홈질하여 당겨 오그린 다음 겉감쪽으로 꺾어 다림질한다.

㉣ 곡선을 곱게 하기 위하여 가윗집을 넣고, 모서리를 곱게 하기 위하여 앞도련의 시접을 접은 다음, 옆도련 시접을 접어 다림질한다. 이때 얇은 감일 때에는 시접을 0.7cm 넣고 가윗집을 넣지 않고 꺾어 다림질한다.

⑦ 배래박기

㉠ 뒷길속으로 두 앞길을 겉으로 뒤집으면서 밀어 넣는다.

㉡ 겉감과 안감의 소매는 각각 중심선을 접어 4겹의 배래선을 맞춘다.

㉢ 저고리의 경우와 같이 겉감과 안감의 부리 사이에 손을 넣고 앞뒤 배래선을 맞춘다.

㉣ 부리에서부터 진동선까지 배래를 박는데, 풀리지 않도록 끝을 되돌아 박는다.

㉤ 시접은 1 cm로 고르게 자르고, 곡선 시접을 홈질하여 당기면서 겉감쪽으로 꺾어 다린다.

⑧ 뒤집기, 깃달기, 동정달기

저고리만들기와 같다.

⑨ 고름만들기와 달기

㉠ 저고리 고름과 같으나 안감으로 긴고름을 하나 더 만들어 같이 단다.

㉡ 안고름도 겉고름과 같은색으로 끝을 뾰족하게 되도록 접어 만들어 단다. 다는 위치는 앞겉길 안쪽 겨드랑이와 앞안길의 안섶끝에 각각 단다.

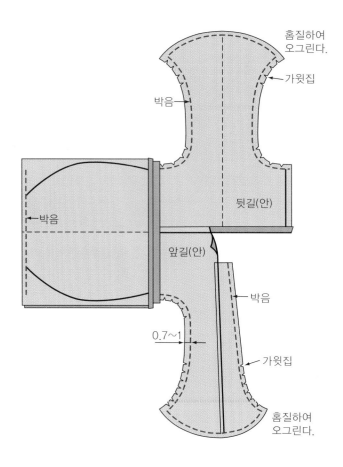

홈질하여
오그린다.

가윗집

박음

뒷길(안)

박음

앞길(안)

0.7~1

박음

가윗집

홈질하여
오그린다.

그림 Ⅳ-206. 도련과 부리박기

⑩ 거들지만들기와 달기

㉠ 흰색 숙고사나 국사에 그림 Ⅳ-207과 같이 마름질하여 접어 박는다.

㉡ 소맷부리에 대고 안쪽에서 홈질한 다음 겉에서 공그르기를 한다.

⑪ 동정달기

저고리와 같은 방법으로 단다.

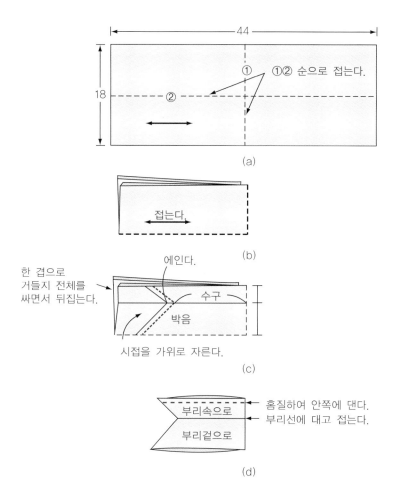

2) 남자 마고자 만들기

마고자는 대원군이 만주에서 돌아올 때에 입고 온 후로 우리나라에 도입된 것이다. 조끼 위에 입는 덧저고리이므로, 저고리보다 조금 크게 짓는다. 형태는 저고리와 비슷하나, 큰 섶, 고름이 없고 약간 터 놓은 것만 다르다. 마고자는 겨울철 방한용으로 널리 착용된다.

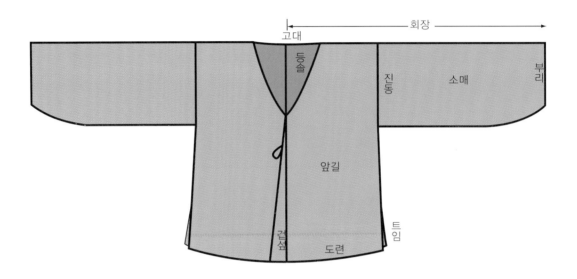

그림 Ⅳ-208. 마고자의 형태와 부분명칭

(1) 본뜨기

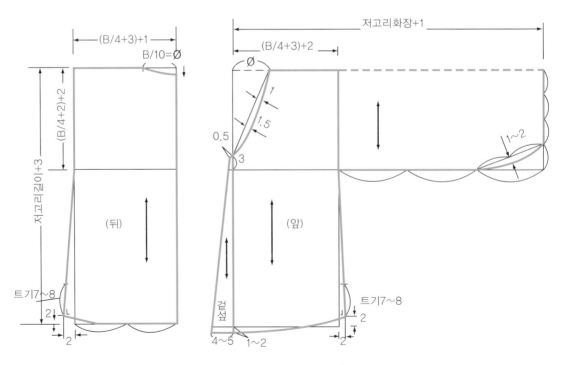

그림 Ⅳ-209. 마고자 본뜨기

필요치수는 가슴둘레와 저고리길이, 화장이다. 길이는 저고리와 조끼가 드러나지 않도록 저고리보다 3cm 정도 길게, 진동과 폭은 1cm 정도 넓게 한다.

깃고대는 저고리와 같게 하고, 깃선의 길이는 저고리보다 짧게 하여야 저고리 깃솔기나 조끼 깃선이 감추어져 단정해 보인다.

표 Ⅳ-12. 남자마고자의 참고치수　　　　　(단위 : cm)

부위 크기	길이	가슴둘레	화장	고대	부리	섶너비
대	66	100	80	19	21	6.5
중	61	95	77	18	19.5	6
소	56	90	74	17	19	5.5

(2) 마름질

마고자 감으로 겨울에는 양단, 공단, 모직 등을 사용하고 봄, 가을에는 숙고사, 자마사, 모직 등을 사용한다.

옷감의 올방향을 바르게 하고 그림 3-120을 참조하여 마름질한다. 안감의 경우는 섶을 붙여서 마름질하면 편리하다.

〈재료〉

● 겉감 : 90cm 너비, (길이+시접)×2+(소매너비+시접)×4=240~250cm

　　　　110cm 너비, (길이+시접)×2+(소매너비÷시접)×24

　　　　　　　　　　　　　　　　　　　　=190~200cm

● 안감 : 겉감과 같음

〈마고자 배색〉

겉감(겉)　　　겉감(안)　　　안감(겉)　　　안감(안)

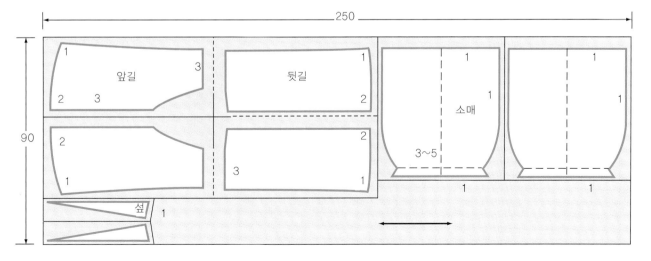

그림 Ⅳ-210. 90cm폭 마름질

(3) 바느질

① 등솔하기

뒷길의 겉끼리 마주 대어 등솔선을 맞춘 다음 박는다. 시접은 입어서 오른쪽으로 가도록 꺾는다.

② 어깨솔하기

앞길의 겉과 뒷길의 겉을 마주 대어 어깨선 부분을 박는다. 고대점은 반드시 되돌아 박는다. 시접은 뒷길쪽으로 꺾는다.

③ 소매달기

길의 겉과 소매의 겉을 마주 대고 소매의 중심선과 길의 어깨선을 맞추어 시침한 다음 진동선을 진동점까지 박는다. 시접은 가름솔로 처리한다.

④ 섶달기

앞길 겉의 중심선에 섶의 어슨 솔기쪽을 대어 박아, 시접을 길쪽으로 꺾는다.

⑤ 안만들기

안감도 겉감과 같이 바느질을 하는데, 등솔기나 옆솔기에 15cm 정도의 창구멍을 낸다.(단, 섶은 따로 달지 않고 길에 붙여서 하기도 한다)

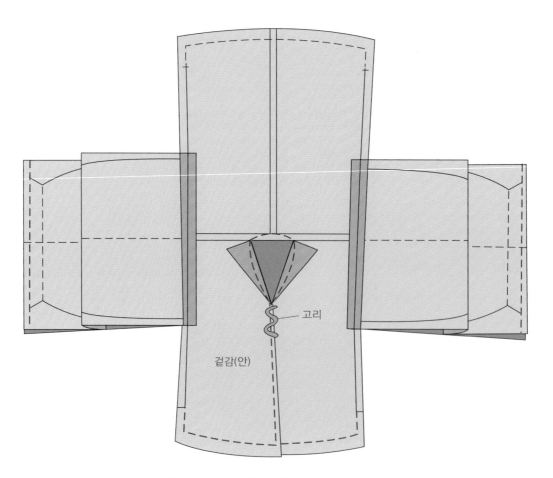

그림 Ⅳ-211. 안팎붙이기(도련, 깃선, 부리박기)

⑥ 안팎붙이기

㉠ 안감과 겉감을 겉끼리 맞닿게 대놓고 등솔, 어깨솔, 진동솔을 잘 맞추어, 부리와 도련을 시침질한다. 안팎의 부리를 맞출 때에 겉감은 안감쪽으로 넘어갈 분량 때문에 그림 Ⅳ-212와 같이 여유분이 생긴다.

㉡ 부리를 박는다.

㉢ 앞길을 양쪽 트기분, 도련, 섶, 고대까지 둘러 박은 다음, 뒷도련과 양쪽 트기분을 마저 박는다.(섶을 꿰맬 때에는 미리 만들어 놓은 고리를 끼워서 통하게 박는데, 이때 고리는 단추를 끼우고 빼기 편리하게 이동할 수 있도록 서로 통하게 박는다. 고리는 입어서 왼쪽에 가도록 단다.)

㉣ 시접을 1~1.5cm 남기고 자른 다음 겉감쪽으로 꺾어 다림질하여 뒤집는다.

⑦ 배래와 옆선하기

저고리와 같이 앞길을 뒷길 사이에 넣고 배래와 옆선을 박는다.
시접은 겉감쪽으로 꺾는다.

⑧ 마무리하기

안에 터 놓은 창구멍으로 뒤집은 다음, 창구멍을 공그르거나 감친다. 밀려 나오기 쉬운 단과 섶선, 고대 등은 모두 안감쪽으로 돌아가며 새발뜨기 한다.

단추는 섶위 끝에 1개를 달고, 6~7cm 내려서 또 1개를 단다. 단추는 입어서 오른쪽에 가도록 단다.

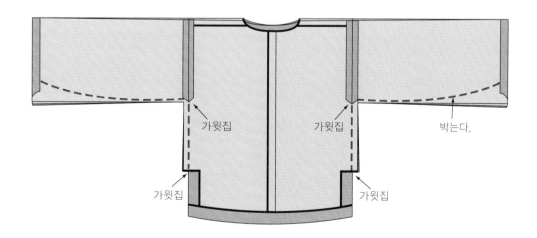

그림 Ⅳ-212. 배래와 옆선박기

7. 버선

<버선의 역사적 변천>

　상고시대의 버선은 비단중에서 가장 아름다운 금직(錦織)으로 만든 정창원의 금말(錦襪)에서 그 형태를 알아볼 수 있다. 또한 삼국사기의 흥덕왕 복식금제령에 금직으로 만든 버선인 금말의 기록이 나온다. 그리고 조선의 버선은 울산의 수의(1600년대 문영부인) 유물 등에서 그 존재를 알수 있는데 요즘 우리가 신고 있는 버선과 큰 차이가 없다.

　양말이 우리나라에 들어온 것은 1920년대 이후이다. 이때는 일부 전도부인들이 버선에다 구두를 신고 전도하러 다니는 모습을 볼 수 있다.

　버선의 종류에는 솜버선, 겹버선, 홑버선, 누비버선, 타래버선 등이 있는데 이중 어린이 타래버선은 누비고 자수놓고 버선코에 술장식을 하고 끈을 단 어린이용 버선을 말한다. 주로 돌쟁이 어린이에게 신긴다.

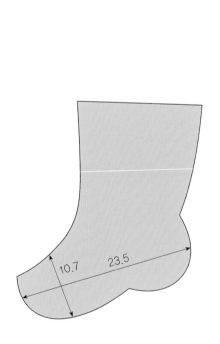

그림 Ⅳ-213. 조선시대 버선

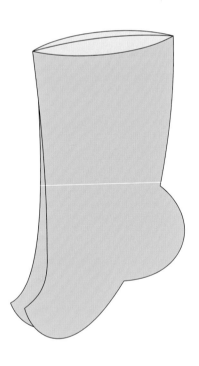

그림 Ⅳ-214. 현대 버선

1) 여자 버선 만들기

버선의 종류는 솜버선, 겹버선, 홑버선, 누비버선 등이 있으며, 홑버선은 솜버선이나 겹버선 위에 덧신는다.

버선은 형태에 따라 수눅이 비교적 직선에 가까운 곧은목 버선과 수눅이 둥글게 된 낫자루 버선이 있다.

버선감으로는 광목, 옥양목, 포플린 등 면직물이나 T/C 직물을 사용한다.

버선의 보정법으로는 발이 들어가지 않을 때에는 그림 Ⅳ-216(a)와 같이 원형보다 회목을 크게 늘여준다. 또 버선이 벗겨질 때에는 그림 Ⅳ-216(b)와 같이 회목치수를 줄여 준다.

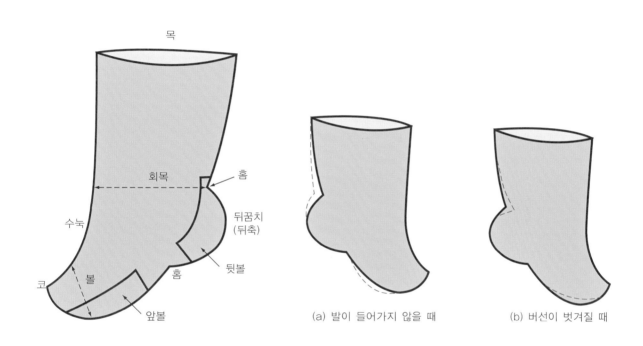

목

회목
홈

수눅
뒤꿈치
(뒤축)

홈
뒷볼

코
볼
앞볼

그림 Ⅳ-215. 버선의 형태와 부분명칭

(a) 발이 들어가지 않을 때   (b) 버선이 벗겨질 때

그림 Ⅳ-216. 버선 보정하기

(1) 본뜨기

본뜨기에 필요한 치수는 발길이와 발둘레이다.

표 Ⅳ-13. 여자버선의 참고치수   (단위 : cm)

부위 크기	발길이	발둘레	회목	버선길이
대	25	24	32	35
중	23.5	23	31	34
소	22	21	30	33

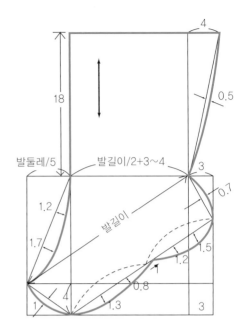

발둘레/5   발길이/2+3~4

18

4

0.5

3

0.7

22cm 이하일 때 : 12cm
23.5cm 일 때 : 13cm
25cm 이상일 때 : 14cm

1.2

1.7

발길이

1.5

1.2

1

0.8

1

4

1.3

3

그림 Ⅳ-217. 버선 본뜨기

(2) 마름질

〈재료〉

● 겉감, 안감 : 90cm 너비 : 버선길이×2+시접=75~100cm

〈버선 배색〉

겉감(겉)	겉감(안)	안감(겉)	안감(안)	솜

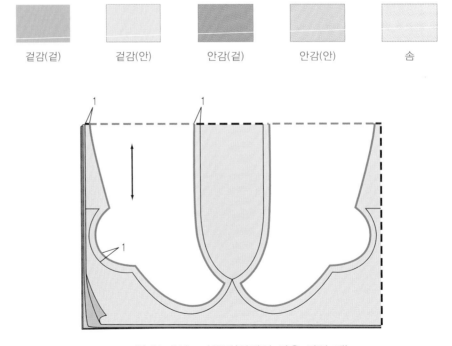

1   1

1

그림 Ⅳ-218. 마름질(안팎이 같은 감일 때)

버선은 안팎이 같은 감일 때에는 그림 Ⅳ-218과 같이 4겹 접어 놓고 마름질
한다. 그러나 안팎감이 다를 때에는 그림 Ⅳ-219의 (a)와 같이 미리 안팎 버선목
을 가름솔로 미리 박아 붙인 다음, 그림 (b)와 같이 4겹 접어 놓고 마름질한다.

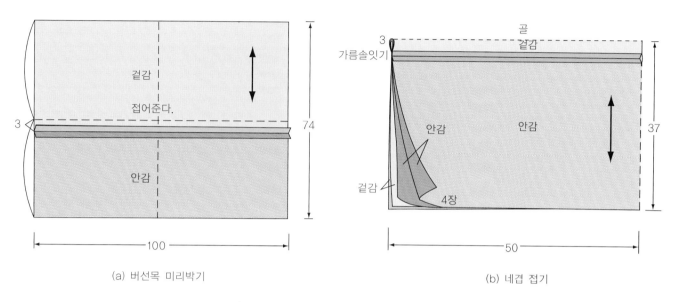

(a) 버선목 미리박기   (b) 네겹 접기

그림 Ⅳ-219. 마름질(안팎이 다른 감일때)

(3) 바느질

① 수눅박기

창구멍을 내기 위해 겉과 겉이 맞닿도록 2장씩 겹쳐 놓고 그림 Ⅳ-221과 같
이 겉감 부분의 수눅선을 박는다.

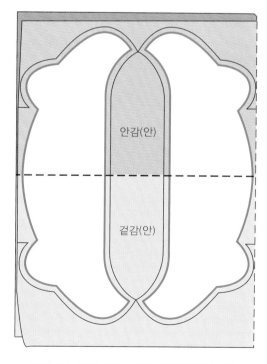

그림 Ⅳ-220. 완성선표시(2겹펼친상태)

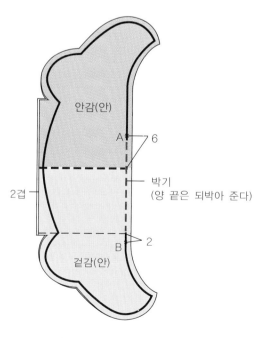

그림 Ⅳ-221. 수눅박기

② 4겹박기

4겹으로 접어 놓고 대칭이 되게 좌우를 가린 후 창구멍을 15cm 정도 남기고
돌아가며 곱게 박는다. 이 때 수눅과 홈은 터지기 쉬우므로 두 번 박는다.

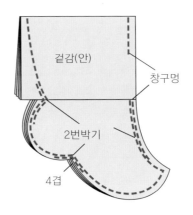

그림 Ⅳ-222. 4겹박기

③ 시접처리

버선의 곡선을 곱게 내기 위하여 곡선 시접은 홈질하여 당기고 홈의 시접에는
가윗집을 넣는다. 시접은 겉감쪽으로 넘어가게 꺾어 다린다.

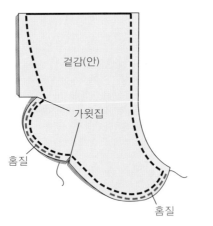

그림 Ⅳ-223. 홈질하기

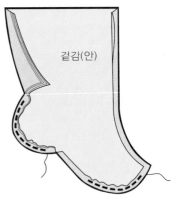

그림 Ⅳ-224. 꺾어다리기

④ 솜두기

박아 놓은 버선 겉쪽에 솜을 두고 시침한 다음 솜시접을 꺾어 넘기고 겉 2겹
과 안 2겹 사이의 창구멍으로 뒤집어서 역시 겉감에 솜을 둔다.

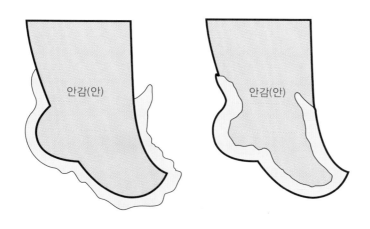

그림 Ⅳ-225. 솜두기

⑤ 뒤집기

버선 안감이 겉으로 나오도록 수눅에서 뒤집는다. 창구멍을 막는다.

⑥ 마무리

다시 겉감이 나오도록 버선목으로 뒤집는다. 버선코는 바늘에 실을 꿰어 한
번 걸어당겨서 뺀 후 반듯하게 다림질하여 수눅이 마주 보게 하여 징거 놓는다.

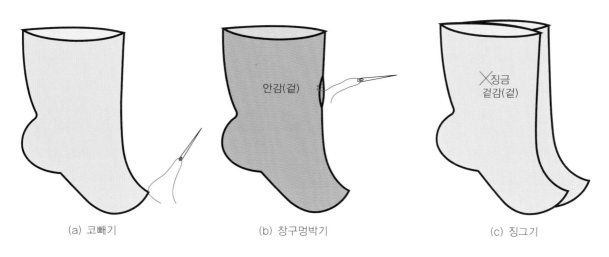

(a) 코빼기   (b) 창구멍박기   (c) 징그기

그림 Ⅳ-226. 버선뒤집어 마무리하기

2) 어린이 타래버선 만들기

타래버선은 돌전부터 2~3세까지의 어린이에게 신기는 버선으로 솜을 두어 누빈 다음 자수를 놓아 만든 것이다. 자수는 버선의 양볼에 모란, 매화, 국화, 석류 등의 문장으로 장식한다. 여자어린이의 비선에는 다홍색 대님과 술을 달고 남자어린이의 버선에는 남색 대님과 술을 달아준다.

타래버선은 통째로 빨아 신을 수 있어 편리하다.

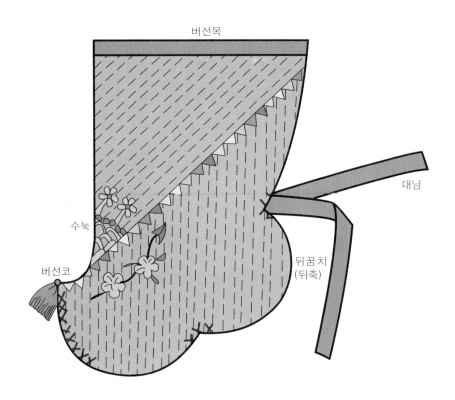

그림 Ⅳ-227. 타래버선 형태와 부분명칭

(1) 본뜨기

본뜨기에 필요한 치수는 발길이가 기본이다.

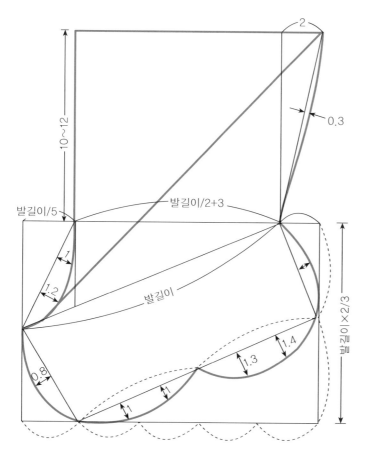

그림 Ⅳ-228. 타래버선 본뜨기

(2) 마름질

겉감 마름질은 그림 Ⅳ-228과 같이 하고 안감은 버선목을 붙여 마름질한다.
버선목에 바이어스를 두를 경우 목에는 시접을 두지 않는다.

〈재료〉

● 겉감(흰색 옥양목) : 90cm×30cm
● 안감(흰색 옥양목) : 90cm×30cm
● 대님감(여아 다홍색, 남아 남색) : 너비 5cm×길이 35cm×2cm
● 솜
● 자수실

〈타래버선 배색〉

겉감(겉)

겉감(안)

안감(겉)

안감(안)

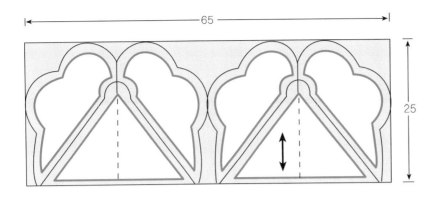
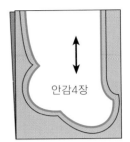

그림 Ⅳ-229. 타래버선 마름질

(3) 바느질

① 수눅과 버선목 붙이기

㉠ 좌우의 수눅을 겉감의 겉끼리 맞대고 박은 후 시접에 가윗집을 넣어 가름
　솔을 한다. 버선목의 양변을 그림 (c)와 같이 붙이고 시접은 버선목쪽으로
　꺾는다.

㉡ 버선목의 양변을 그림 (c)와 같이 붙이고 시접은 버선목쪽으로 꺾는다.

㉢ 안감은 보통 버선과 같이 수눅을 박고 시접을 갈라 다린다.

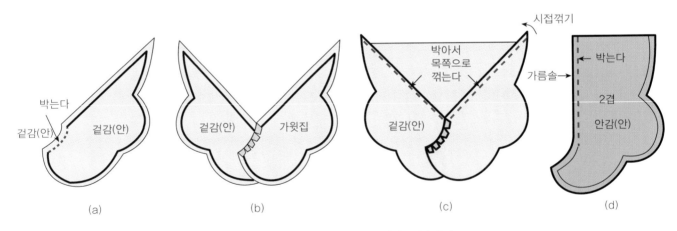

그림 Ⅳ-230. 수눅과 버선목 붙이기

② 안팎잇기와 솜두기

㉠ 안감과 겉감을 맞추어 목 이외의 둘레를 돌아가며 박고 시접은 0.3cm정
　도만 남기고 정리한다.

㉡ 겉감의 안쪽에 솜을 골고루 두고 가장자리를 시침하여 솜을 고정시킨 다
　음, 시접을 겉감쪽으로 꺾고 목으로 뒤집는다.

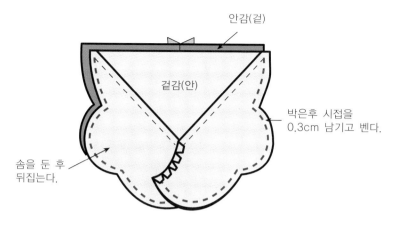

그림 Ⅳ-231. 안팎잇기와 솜두기

③ 누비기

㉠ 안팎감의 목과 가장자리를 시침해 놓고 반반하게 다려 놓는다.

㉡ 그림 Ⅳ-232와 같이 0.5cm 간격으로 누빈다. 누빌때는 바늘로 줄을 그어
  가며 누비되 누비는 도중에 줄이 펴지므로 한꺼번에 다 긋지 않도록 한다.
  두쪽 다 누빈 후에는 반반하게 다린다.

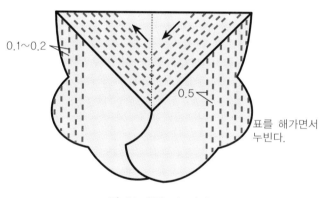

그림 Ⅳ-232. 누비기

④ 수놓기와 사뜨기

버선의 양볼에 모란이나 석류 등을 수놓는다. 버선코에 가까운 수눅은 사뜨기
로 장식해 준다.

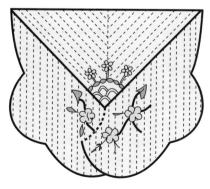

그림 Ⅳ-233. 수놓기와 사뜨기

⑤ **뒤꿈치와 바닥감치기**

겉을 맞대어 놓고 안감의 겉쪽에서 튼튼한 실로 촘촘히 둘레를 감치고 목으로 뒤집어 손질한다. 앞볼 뒤꿈치와 홈에 사뜨기를 한다.

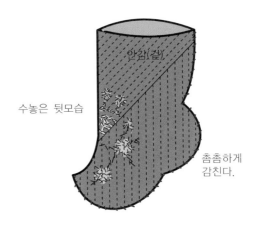

그림 Ⅳ-234. 뒤꿈치와 바닥감치기

⑥ **버선목처리와 색술 대님달기**

㉠ 버선목은 바이어스를 0.5cm 겉에서 대고 박아 안쪽으로 넘겨 곱게 감친다.

㉡ 대님은 너비 1.5~2cm 길이 30~40cm 정도가 되도록 박아 뒤집은 후 중심을 뒤꿈치홈에 대고 감친다.

㉢ 버선코에 남자는 남색, 여자는 홍색의 비단실로 술을 만들어 단다. 술은 길이 4~5cm 정도로 20~30가닥 잘라 길이를 맞춘다. 길이의 중심을 실로 동여 맨 다음 반으로 접고 다시 접힌 끝부분을 실로 동여매어 고정시킨다.

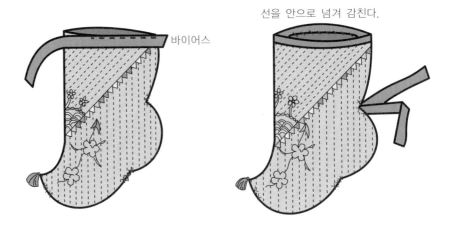

그림 Ⅳ-235. 버선목처리 색술 대님달기

8. 쓰개

<쓰개의 역사적 변천>

■ 복건(福巾)

복건은 사인(士人), 성균관학생, 생원 등 유생들의 예관으로 유건(儒巾)과 함께 쓰인 것이다. 복건은 치포건(緇布巾: 검은색 천)으로 불리기도 하는데 흑색의 비단인 증(繒) 6척을 가지고 키모양으로 만들어 드림을 뒤로 보내어 머리에 쓰고 옷단으로 머리통을 동이고 그 뒤쪽에 끈을 하여 귀에 걸쳐 뒤통수에 잡아매게 한 것이다.

그림 Ⅳ-236. 복건
(국립 중앙 박물관)

■ 조바위

조선시대의 여인들에게는 아얌, 조바위, 남바위, 풍차, 만선두리, 볼끼, 굴레 등의 난모가 있었다. 이중 아얌은 액엄(額掩)이라고도 한다.

양반의 부녀자들의 외출용 난모로서 예장(禮裝)을 갖추지 못할 때는 이것으로 대신 하기도 하였다. 형태는 귀를 덮지 않은 것이 특색이며 뒤에 아얌드림이라 하는 검은 자주색 댕기를 길게 늘였다. 위는 고운 털, 가장자리는 2~3cm의 검은 털로 선을 눌렀다.

아얌은 궁에서는 사용하지 않았으며 일반 평민들이 주로 착용하였다. 조바위가 등장하여 퍼지게 되자 아얌은 차차 자취를 감추었다.

그러므로 조바위는 구한말에 생겨난 것으로 그 역사가 가장 짧다. 아얌이 차차 사라지면서 가장 널리 사용된 부녀자의 방한모 겸 장식용이다. 형태는 뺨에 닿는 곳을 동그랗게 하여 귀를 완전히 덮고 바람이 안 들어가도록 가장 자리를 오무렸다.

겉은 검정 비단, 안은 비단, 면으로 하였고 이마 위에는 금, 은, 비취, 옥, 자 마노나 그 모조품으로 된 것으로 희(囍). 예(禮). 수(壽). 복(福) 등의 글자장식을 하였으며, 앞이마와 뒤에는 끈이 달려 있었다.

■ 댕기

댕기는 삼국시대부터 있었던 것으로 조선시대에 댕기는 반듯이 미혼녀만 드렸던 것은 아니며 부녀자들도 머리에 수발(修髮)을 하기 위하여 얹은머리나 쪽진머리에 댕기를 사용하였고 또 장식만을 위한 것도 있다.

제비부리 댕기 : 용도는 어린이나 처녀용으로 변발하고 끝에 드린 것으로 홍색이었고 총각의 경우는 흑색을 사용하였다. 크기는 연령에 따라 달랐으며 장식은 금박을 하거나 댕기고에 옥판(玉板), 옥(玉)나비, 칠보나비를 붙이기도 하였다.

어린이용 댕기로서 도투락댕기는 어려서 머리가 길지 않았을 때 드렸고 말뚝댕기는 도투락댕기 시기를 지나 제비부리댕기를 드리지 못할 때 사용하였으며 종종머리에는 뱃씨 붙인 댕기를 사용하였다.

1) 어린이 조바위 만들기

조바위는 땋은 머리나 쪽머리에 잘 어울리는 여성의 방한용 쓰개이다. 요즈음에는 돌쟁이 어린이에게 씌워준다. 주로 검정색의 사(紗)나 단(緞)으로 만든다. 정수리부분은 트여 있고 볼선은 안쪽으로 둥글게 살짝 오그려서 아름다운 곡선을 이룬다.

장식으로는 산호나 비취로 된 구슬을 실에 꿰어 옆으로 늘이고 앞이마 중심과 뒤정수리에 술장식을 단다. 또한 뒷댕기를 만들어 달고 박쥐단추로 이음새를 장식하면 매우 예쁘고 귀여운 모습이 된다.

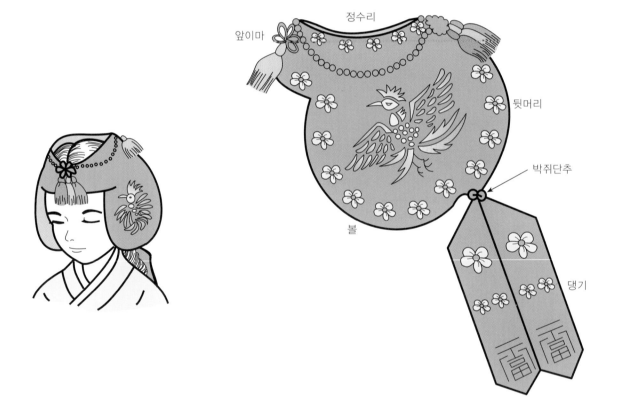

그림 Ⅳ-237. 조바위의 형태와 부분명칭

(1) 본뜨기

조바위 본뜨기를 위한 기본치수는 머리둘레이다. 머리의 가장 굵은 둘레를 수평으로 잰다. 그림 Ⅳ-238는 머리둘레 50cm의 조바위를 본뜬 것이다.

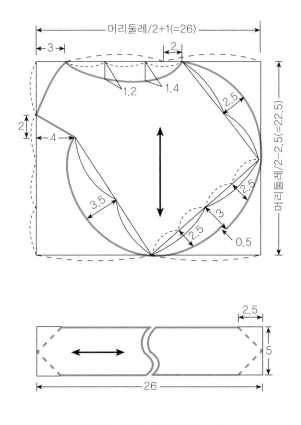

그림 Ⅳ-238. 조바위 본뜨기

(2) 마름질

겉감과 안감, 심감을 각각 2장씩 마름질한다. 이때 옷감을 마주 접어놓고 마름질하면 편리하다.

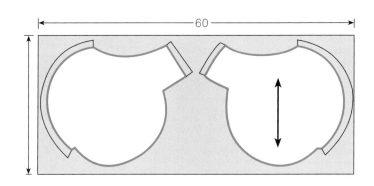

그림 Ⅳ-239. 조바위 마름질

〈재료〉

● 겉감 : 검정색이나 자주색 사 너비 60cm×길이 30cm
● 안감 : 남색사 너비 60cm×길이 30cm
● 심감 : 아사너비 60cm×길이 30cm
● 바이어스감 : 겉감과 같은색과 옷감으로 2.2cm너비로 준비
● 댕기감 : 겉감 너비 7cm×길이 55cm
● 장식 : 산호구슬, 술

〈조바위 배색〉

겉감(겉)　　　겉감(안)　　　안감(겉)　　　안감(안)　　　심감

(3) 바느질

① 앞이마 중심선 박기

겉감에 심감을 고정시킨 후 겉감은 겉감끼리 안감은 안감끼리 겉을 맞대고 앞이마 중심선을 박은 후 시접을 가른다. 이때 겉감의 안쪽에 심감을 대고 겉끼리 마주 박는다.

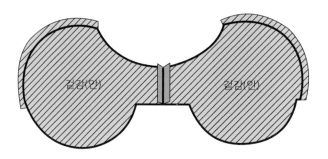

그림 Ⅳ-240. 앞이마박기

② 뒷머리 중심선 박기

안감 2장 위에 겉감 2장을 그림과 같이 포개 놓고 뒷이마 중심선을 4겹 박은 후 시접을 겉감쪽으로 꺾어 다린다. 그림 Ⅳ-241에 표현된 바와 같이 겉감 1장과 나머지 3장 사이로 뒤집는다.

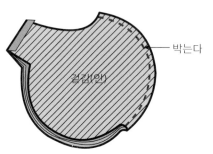

그림 Ⅳ-241. 뒷머리중심선 박기

③ 바이어스 두르기

볼선과 정수리부분에 정바이어스 테이프를 돌려댄다. 이때 볼선은 그림 Ⅳ-242과 같이 호아 약간 오그려 놓은 후 테이프를 겉쪽에 대고 0.3cm 두께로 박은 다음 안으로 넘긴다. 겉보다 0.2cm 정도 넓게 완성되도록 감침질하여 고정시킨 후 겉에서 숨은 상침하여 박는다.

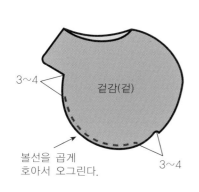

그림 Ⅳ-242. 볼선 오그리기   그림 Ⅳ-243. 바이어스대기

④ 뒷댕기만들기

뒷댕기를 제비부리댕기 만드는 법을 참고하여 만든 후 중심점 A에서 그림과 같은 모양이 되도록 접어 도투락 댕기 형태로 만든 후 감침하여 붙여준다.

⑤ 뒷댕기달기

뒷댕기를 조바위에 단 후, 박쥐단추를 만들어 뒷댕기 꼭지점에 달아준다.

⑥ 장식하기

금박을 박은 후 앞이마와 뒷이마 중심에 술을 달아준다. 또 정수리 둘레에 양쪽으로 구슬끈을 여유있게 느려준다.

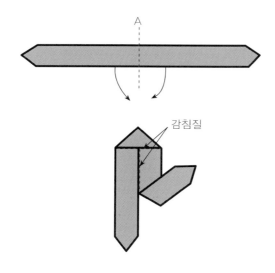

그림 Ⅳ-244. 뒷댕기 만들기

2) 어린이 제비부리댕기 만들기

제비부리댕기는 처녀의 땋은 머리끝을 묶어 장식하는 것으로 댕기의 끝이 제비부리모양을 하고 있다. 보통 다홍색으로 만들고 금박장식을 한다.

조선시대 댕기의 종류에는 결혼 전 처녀들이 하는 제비부리댕기, 어린이에게 드려주는 말뚝댕기, 쪽머리에 사용하는 쪽댕기, 혼례시에 사용하는 도투락댕기, 앞댕기 등이 있다. 요즈음은 고무줄로 묶어 고를 내어 다는데 전통적인 방법으로 댕기를 드려야 맵시가 난다.

전통적 댕기드리는 방법은 다음과 같다.

① 양쪽에 귀밑머리를 땋는다.

② 귀밑머리까지 합쳐서 머리를 세 가닥으로 갈라준 후 오른쪽부터 땋기 시작하여 길이의 2/3 정도를 위쪽에 대고 아래댕기는 머리의 한 가닥과 같이 합쳐서 2~3회 정도를 더 땋는다.

③ 댕기가 옆으로 갔을 때 위에 있는 댕기를 10~13cm 정도 접어 고를 만든 다음 가운데 가닥머리와 합쳐서 2~3회 더 땋는다.

④ 긴 가닥으로 머리를 한 번 돌려서 맨다.

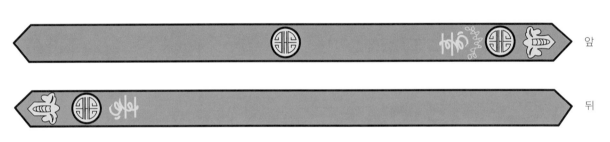

그림 Ⅳ-245. 제비부리댕기의 형태

그림 Ⅳ-246. 댕기드리기

(1) 본뜨기와 마름질

본뜨기는 그림 Ⅳ-247과 같이 하고 사방 1cm를 두어 마름질한다.

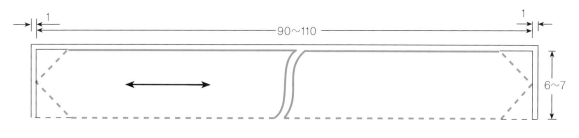

그림 Ⅳ-247. 제비부리댕기의 본뜨기와 마름질

〈재료〉

● 다홍색 견직물(숙고사, 갑사 등) : 너비 6~7cm × 길이 90~110cm
● 금박

〈제비부리댕기 배색〉

겉감(겉)　　　겉감(안)

(2) 바느질

① 댕기의 길이를 가운데에 창구멍을 5~7cm 내고 박은 후 시접은 한쪽으로 꺾어 다린다.
② 댕기너비를 반으로 접어 4겹이 되게 하고 양끝너비를 박는다. 시접은 길이의 시접과 같은 방향으로 꺾어 다린다.
③ 창구멍으로 뒤집은 후 창구멍을 감친다.

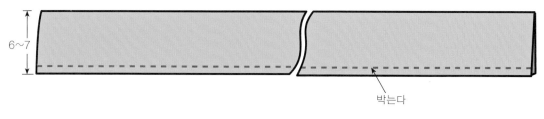

박는다

그림 Ⅳ-248. 길이박기

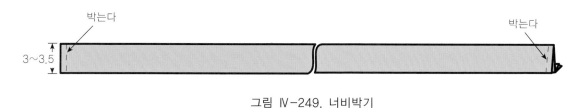

박는다　　　　　　　　　　　　　　　　박는다

그림 Ⅳ-249. 너비박기

3) 어린이 복건 만들기

복건은 전복을 입고 머리에 쓰는 것으로, 과거에는 반가의 관례 이전 남아들이 입었으며, 요즈음은 남아 돌쟁이의 예복으로 사용되고 있다.

복건의 재료는 가볍고, 통풍이 잘 되는 검은 색상의 사 종류로 하며, 여기에 화려한 금박을 찍기도 한다.

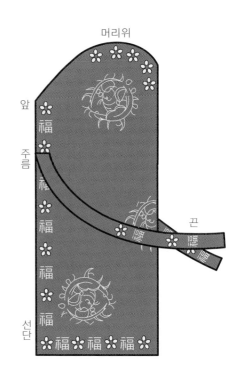

그림 Ⅳ-250. 복건의 형태와 부분명칭

(1) 본뜨기

기본치수는 머리둘레와 복건길이(두루마기길이+5cm)이다. 2~3세의 머리둘레는 40~45cm로, 복건길이는 55cm, 끈길이 60cm, 끈너비 3cm로 한다.

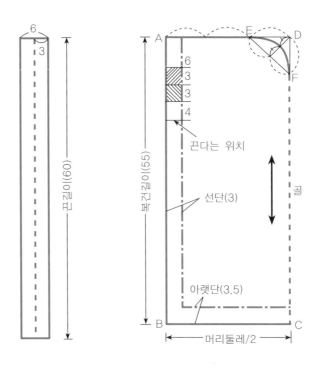

그림 Ⅳ-251. 복건 본뜨기

(2) 마름질

〈재료〉

● 검은사 : 70cm너비×65cm

● 술띠, 금박

〈복건 배색〉

겉감(겉)   겉감(안)

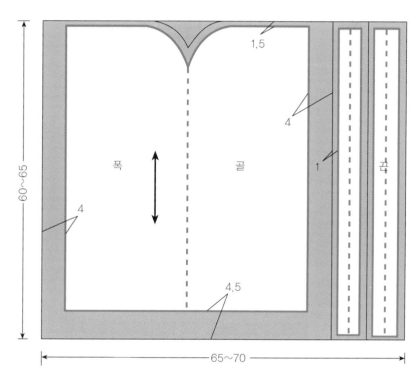

그림 Ⅳ-252. 복건 마름질

(3) 바느질

① 머리위박기

폭을 반으로 접어 머리 윗부분을 박는다. 시접은 통솔로 하고, 입어서 오른쪽
으로 가도록 꺾는다.

② 단박기

선단과 아랫단을 꺾어 넘기고 선단에서부터 공그른다. 양 모서리는 선단 위에
아랫단을 대각선으로 접어 놓고 공그른다.

③ 주름잡기

머리 앞솔기에서 양쪽으로 6cm 내려온 곳에서 위로 향해 주름을 잡고, 다시 3cm 내려와 아래로 향해 주름을 잡고 주름을 고정시킨다.

④ 끈달기

3cm 너비의 끈을 만들어 주름 밑 4cm 되는 곳에 선단방향으로 끈을 단다. 끈은 복건 뒤로 돌려 겉에서 묶어 준다.

⑤ 장식하기

선단과 길, 끝에 금박을 찍어 장식한다.

9. 돌띠와 주머니

<주머니의 역사적 변천>

[삼국유사] 경덕왕조에 "왕이 돌날로부터 왕위에 오를 때까지 항상 부녀의 짓을 하여 비단주머니차기를 좋아했다"라고 기록되어 있어 신라여인들이 금낭(錦囊)을 찼던 것을 알 수 있다.

또한 고려시대에 내려와서 살펴보면 [고려도경]에 "고려 귀가 부녀자들은 감람륵건에 채조금탁을 달고 금향낭을 찼는데 많은 것을 귀히 여겼다"라고 한 것을 보아 고려대에 오면 신라시대보다 더 많이 금향낭을 찼던 것으로 여겨진다.

조선시대에 와서는 후기의 유물을 꽤 많이 볼 수 있는데, 우리나라 옷에는 남자의 조끼를 제외하고는 물건을 넣을 수 있는 '포켓' 역할을 하는 것이 없기 때문에 실용적인 면에서도 따로 만들어 사용해야 되며 장식품으로서도 사용되고 있었다.

그리고 이들 주머니의 형태는 크게 나누어서 각형(角形 : 귀주머니 혹은 줌치)과 환형(丸形 : 두루주머니 혹은 염낭)의 2종류로 나눌 수 있다.

겉감은 견이나 목면으로 된 것을 사용하고, 안감은 목면이나 질이 낮은 견으로 튼튼하게 만들고 색상은 백옥색, 적·분홍색, 청, 자주, 남, 담록(淡綠)색 등의 바탕색에 자수를 놓은 것이 많고 각종 금은세공물을 장식한 것도 적지 않다.

이들 주머니는 남녀를 막론하고 찼으며, 그 신분에 따라 천과 색과 그 부금 여부가 다른 것을 알 수 있다.

주머니의 명칭은 무수히 많은데 '십장생 줌치' '오복꽃광주리낭' '오방낭자' '십장생 자낭' '수낭' '오방염낭' '황룡자낭' '봉자낭' '부금낭' 등이 있다. 이중 황룡자낭, 봉자낭, 부금낭 등은 지배계급의 권위를 나타내주는 주머니라 하겠고 오행론(五行論)에서 나온 '오방낭'은 청(靑), 황(黃), 적(赤), 백(白), 흑(黑)의 오색(五色) 비단을 모아 만든 주머니이며, 수(繡)주머니 '십장생 줌치' 등은 길상사상에서 나온 주머니라 하겠다.

또한 기록에 의하면 가계시나 5월 첫 해일(亥日)에 대내(大內)에나 왕비의 친정, 기타 종친들에게 '염낭' 또는 '줌치'를 보냈다. 이들 낭은 조그마한 물건이지만 손이 가고 아기자기한데다가 부적 같은 뜻을 지녔기 때문에 그 당시로서는 무척 환영받는 선물이었다. 그 주머니 속에는 종이 봉지에 콩을 볶아 꼭 한 알씩을 넣어서 보냈는데, 이것을 해일(亥日)에 차면 일년 내내 귀신을 물리치고 만복이 온다는 민속이었다.

그림 Ⅳ-253. 영왕 금장식 두루주머니
(궁중 유물 전시관)

1) 돌띠 만들기

돌띠는 어린이의 돌날에 입는 돌옷의 가장 겉에 매는 장식띠를 말한다.

돌띠에는 아이의 장수를 기원하는 각종 문양을 수놓으며, 팥, 좁쌀, 콩 등의 곡물을 넣은 갖가지 색의 복주머니 10~12개를 밑단에 나란히 매달았다.

돌띠를 맬 때는 끈이 앞으로 오도록 매어 입힌다.

그림 Ⅳ-254. 돌띠의 형태

(1) 본뜨기

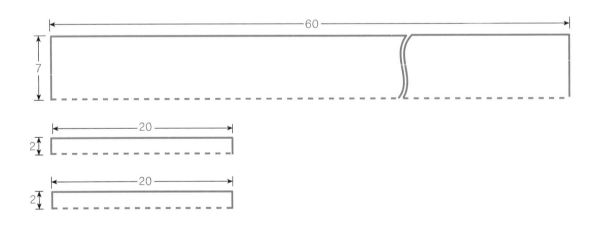

그림 Ⅳ-255. 돌띠 본뜨기

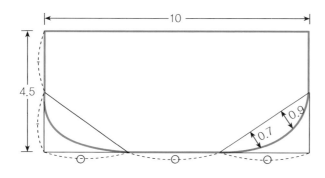

그림 Ⅳ-256. 돌띠 주머니 본뜨기

(2) 마름질

〈재료〉

● 띠 : 너비 22cm×길이 62cm(띠, 끈)+시접=62cm
● 주머니 : 각 너비 12cm×길이 8cm(주머니+안단)+시접=12개(×2장)

〈돌띠 배색〉

돌띠는 청색이나 홍색의 공단으로 만들고, 주머니는 남색, 꽃자주색, 연두색, 노랑색, 빨강색 등의 공단으로 짓는다.

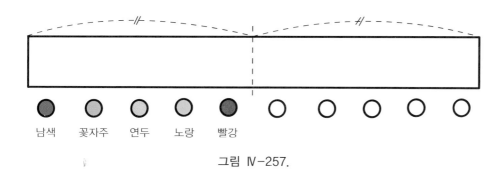

남색　　꽃자주　　연두　　노랑　　빨강

그림 Ⅳ-257.

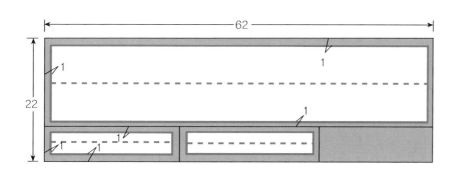

그림 Ⅳ-258. 돌띠 마름질

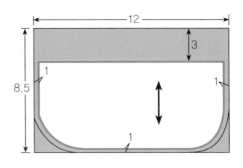

그림 IV-259. 주머니 마름질

(3) 바느질

돌띠를 바느질하기 전에 미리 띠의 겉쪽에 수를 놓아 둔다.

① 돌띠박기

㉠ 끈박기

마름질한 끈에 창구멍을 남겨서 박고, 뒤집어 다림질한 후 창구멍을 감침질한다.

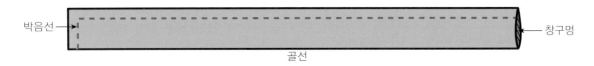

그림 IV-260. 끈박기

㉡ 돌띠박기

마름질한 띠를 반 접되, 겉과 겉을 맞닿도록 접는다. 끈과 마찬가지로, 박음선을 따라 창구멍을 남겨 놓고 박아서 뒤집는다. 창구멍을 감쳐준다.

그림 IV-261. 돌띠박기

ⓒ **끈달기**

돌띠의 안쪽에 끈을 손바느질해서 달아준다. 이때 돌띠의 겉쪽으로 바늘땀이 보이지 않도록 주의하고, 띠를 매었을 때 매듭이 겉에서 보이지 않도록 3cm 가량 들여서 단다.

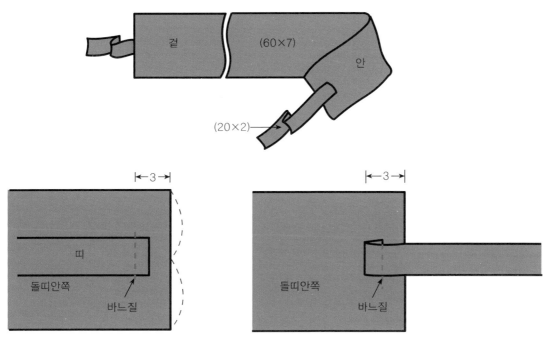

그림 Ⅳ-262. 끈달기

2) 돌띠 주머니 만들기

ㄱ 마름질한 주머니천을 2장 겹쳐 놓고, 완성선을 따라 박은 후 뒤집는다.
ㄴ 안단부분을 접어 넣는다.
ㄷ 입구부분에 주름을 잡고 구멍을 뚫어 실끈을 끼운다.
ㄹ 돌띠에 주머니를 달아준다.

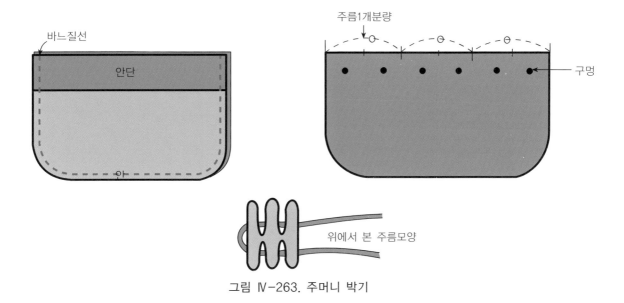

그림 Ⅳ-263. 주머니 박기

V. 우리옷의 새로운 디자인

한복 전통미의 재창조가 필요하다. 미적 특성을 살리고 현대감각에 부합되는 전통의상으로서의 재창조를 통하여 현대 한복의 미를 실현하고 발전의 지표로 삼아야 할 때이다.

우리는 수천년 역사 속에서의 한복의 발전경로를 잘 알고 있다. 현대의 세계는 산업화 및 정보화 사회로의 길을 걷고 있으며, 생활양식이 급변하고 있다. 그와 더불어 세계적인 추세인 양복화 경향에 따라 한복은 점차 우리의 생활에서 멀어졌다. 이러한 변화 속에서 문화민족으로서의 긍지를 살리고 후세에 물려줄 민족복으로서의 한복의 발전을 위해서는, 한복과 현대 생활과의 조화를 생각하여 전통미의 재창조를 이룩해야 할 것이다.

따라서 전통적인 한복의 미적 특성을 살리면서 현대감각에 부합되는 새로운 한복을 설계함으로써, 서양복과 더불어 우리의 한복도 당당히 우리의 생활 속에 자리잡을 수 있도록 하여야 할 것이다.

1. 평상복

1) 적삼과 치마

(1) 디자인

그림 Ⅴ-1. 적삼과 치마

① **적삼**

요즈음에는 기본적인 형태를 갖추면서 모양을 변형시킨 한복을 많이 입는다. 조선시대 초·중기에 입었던 저고리는 허리를 덮을 정도로 길이가 길어 활동하기에 편하였다. 적삼의 디자인은 활동하기 편리하였던 조선시대 초·중기의 저고리형을 응용하였다. 목판깃의 형태를 살린 것과 폭이 넓은 진동, 접어 올린 소맷단 등이 특징이다.

그 밖에 깃과 소맷단은 수로 장식하거나 다른 색 천으로 달아 회장저고리의 맛을 내고, 매듭단추를 맞달아 적삼의 분위기를 더했다.

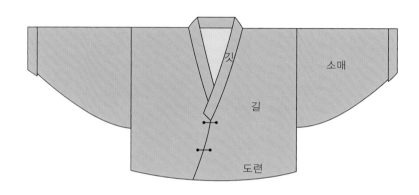

그림 Ⅴ-2. 적삼의 형태

② **치마**

조선시대 초·중기에 입었던 허리에 입는 치마를 응용함으로써 가슴에 입는 불편을 없앴다. 그리고 긴 저고리에 맞춰 입도록 한복 짧은 통치마 실루엣을 기본으로 하고 서양식 스커트 바느질법을 도입하여, 전통을 살리면서 요즈음 대중의 취미와 편의에 맞추었다.

그림 Ⅴ-3. 치마의 형태

③ 재료의 특징

모시나 고운 삼베를 사용하여 전통적인 멋을 살리고 여름철의 더위를 쫓는 시원한 질감을 강조한 평상복이다.

(2) 본뜨기

필요 치수는 화장과 가슴둘레, 등길이이다.

① 적삼

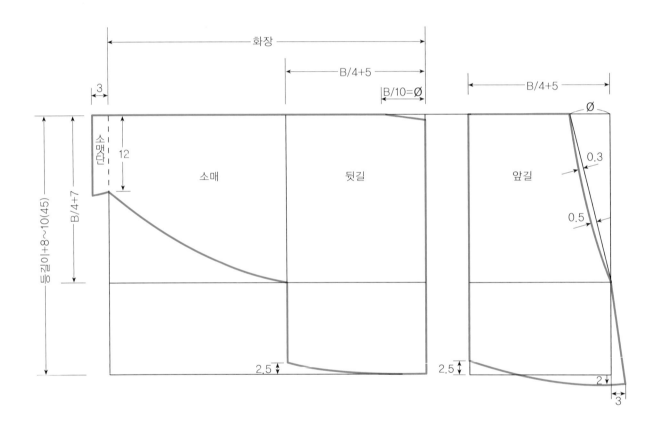

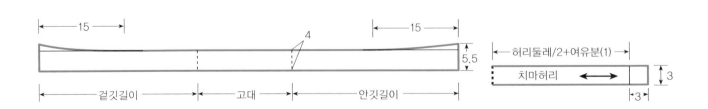

그림 V-4. 본뜨기(적삼)

② 치마

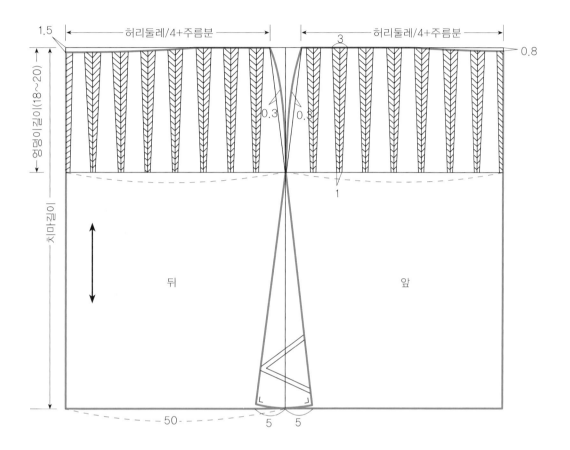

그림 Ⅴ-5. 본뜨기(치마)

(3) 마름질

① 적삼

그림을 참조하여 마름질한다.

〈재료〉

● 옷감 : 모시, 40cm 너비, (소매너비+적삼길이+시접)×4=330~335cm
● 매듭단추

〈적삼 배색〉

겉감(겉)　　　겉감(안)

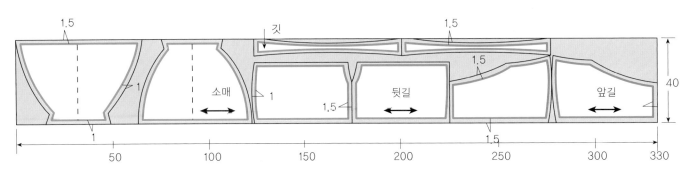

그림 Ⅴ-6. 적삼 마름질

② 치마

〈재료〉

● 겉감 : 모시나 삼베, 50cm 너비, (치마길이+시접)×4=300cm 정도
● 안감 : (치마길이+시접)×4=300cm 정도

〈통치마 배색〉

겉감(겉)　　　겉감(안)　　　심감

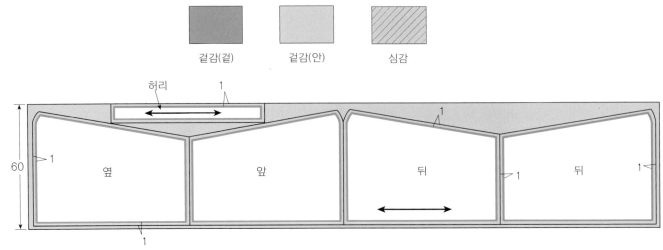

그림 Ⅴ-7. 통치마 마름질

(4) 바느질

① 적삼

㉠ 어깨솔하기

앞뒷길을 겉끼리 맞닿게 겹쳐 놓고, 고대 치수만 남기고 양쪽 어깨선을 곱솔로 바느질한다.

㉡ 등솔하기

좌우 뒷길을 겉끼리 마주 대고, 등솔을 곱솔로 바느질한다.

㉢ 소매달기

길의 어깨솔기에 소매중심선을 맞추어 놓고, 진동치수만 곱솔로 바느질한다.

㉣ 소맷부리하기

소맷부리의 시접을 곱솔로 박는다.

㉤ 배래와 옆선하기

소매의 배래선과 옆선을 잘 맞추어서, 소맷부리에서부터 옆선 끝까지 곱솔로 박는다.

㉥ 앞선과 도련하기

적삼의 앞선에서부터 도련까지를 소맷부리와 같은 방법으로 둘러 박는다.

㉦ 깃달기

고대점을 정확하게 맞춰 놓고, 2장의 깃을 길의 겉과 안의 깃선에 맞춰 시침하여 박고 시접을 짧게 정리한 후, 2장의 깃이 안끼리 마주 닿도록 세운 후 시접채 눌러 박는다. 깃을 편평하게 하여 깃선을 돌아가며 곱솔로 바느질한다.

그림 Ⅴ-8. 깃달기

㉧ 단추고리와 단추달기

그림 Ⅴ-9와 같이 단추고리를 달고, 단추는 매듭단추를 단다.
매듭단추를 맺는 방법은 그림 Ⅲ-18을 참조한다.

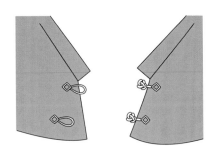

그림 Ⅴ-9. 매듭단추와 매듭단추달기

② 치마

㉠ 중심선잇기

4장으로 마름질한 치마폭을 앞, 뒤 각각 중심선을 맞추어 이어 놓는다. 시접은 가름솔로 한다.

㉡ 심붙이기

모시나 삼베는 올이 미어지기 쉬우므로, 주름 끝부분에 2cm 너비의 얇고 부드러운 옷감으로 휘갑쳐서 심감을 둘려 댄다. 주름 끝점들이 심감의 중심에 오도록 한다.

㉢ 주름박기

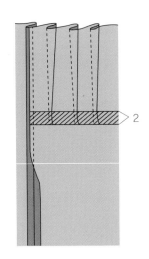

그림 Ⅴ-10. 주름박기

주름너비가 위는 1.5cm, 아래는 0.5cm 정도 되게 박는데, 주름 끝은 되돌아박고, 주름 방향은 입어서 왼쪽으로 가도록 잡는다. 허리둘레에 따라 주름 갯수를 가감한다.

㉣ 옆선박기

앞폭과 뒤폭의 겉을 맞대고 둘레선을 잘 맞춘 다음, 옆선을 지퍼길이만큼 남기고 박는다.

㉤ 안만들기

치마의 안은 겉감과 같은 방법으로 바느질하며, 허리주름은 앞판 4개, 뒤판 4개 정도로, 여유를 준 만큼만 잡는다.

㉥ 지퍼달기

지퍼 잠근 상태가 허리 완성선으로부터 0.5cm 떨어지도록 단다.

㉦ 치마허리달기

허릿감 안쪽에 심을 붙여 치마허리를 만들어 놓고, 치마 안감과 겉감의 허리선을 잘 맞추어 시침한 다음, 심붙은 쪽의 치마허리가 겉감 겉에 오게 바느질한다.

㉧ 마무리하기

치마밑단을 0.2cm 접어 박은 다음 다시 0.5cm 정도 단분을 접어 단끝에 눌러 박는다. 안감의 밑단도 겉감과 같이 하고, 치마허리에 훅을 단다.

2) 당적삼, 저고리, 치마

(1) 디자인

요즈음은 동양풍에서 온 레이어드 룩(layered look : 겹쳐입기) 내지는 루스 룩(loose look : 헐렁하게 입기)이 유행되고 있다. 따라서 현대 감각에 맞도록 겹쳐 입는 방법으로 디자인한 것이다.

재료로 사용된 모시는 상고시대부터 쓰여 온 가장 한국적인 옷감으로서 세계 적인 추세인 시스루(see-though : 비치는 옷) 감각과도 일치한다.

그림 Ⅴ-11. 당적삼, 저고리, 치마

① 당적삼

당의의 배래곡선과 서양식 프린세스 라인과 조화를 이룬 당적삼이다.

② 저고리

긴 저고리에 완만한 깃선과 더불어 섶코 부분에 강조를 하여 액센트를 준 상의이다.

(2) 재료

반투명한 모시를 쓴다. 특히 당적삼 위에 저고리를 덧입어 겹치는 부분과 겹치지 않는 부분이 조화를 이루도록 반투명한 재질의 특징을 살렸다.

(3) 본뜨기

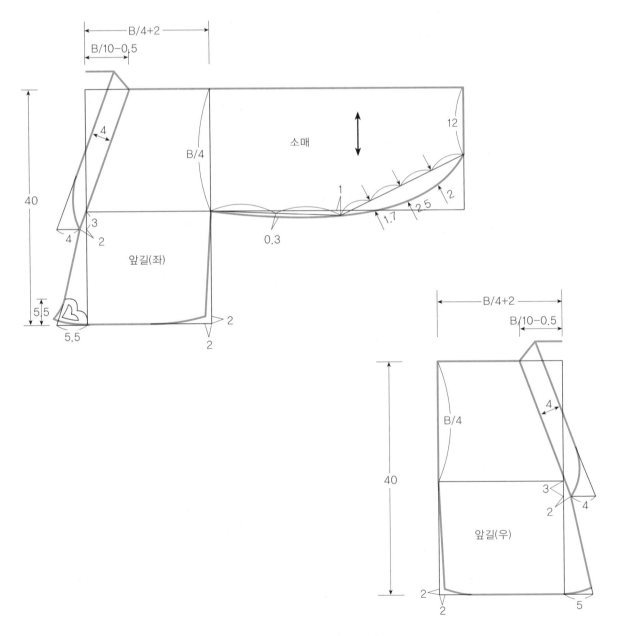

그림 V-12. 저고리 본뜨기

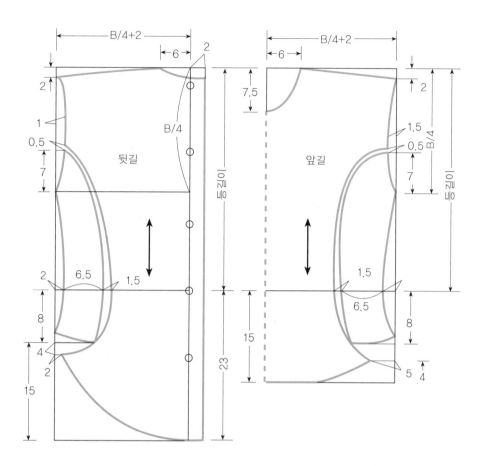

그림 V-13. 당적삼 본뜨기

3) 소매없는 저고리, 통치마

(1) 디자인

그림 V-14. 소매없는 저고리, 통치마

① 저고리

평범한 저고리 형태에 간편하게 소매를 달지 않고 섶, 도련, 진동에 다른색의 어슨을 테이프를 대준 편리한 옷이다. 더운 여름에 입을 수 있도록 고름 대신에 브로치나 어울리는 코르사주를 단다.

② 통치마

평범한 통치마에 민화에 나오는 호랑이와 잉어를 실크 스크린 염색을 해주면, 밋밋한 느낌이 없어지고 매우 참신하고 전통적인 느낌을 준다.

(2) 재료

타월지를 사용하여 세탁에 편리하도록 하였다. 더운 여름철에 땀을 잘 흡수할 뿐더러 구김이 가지 않아 좋다.

(3) 본뜨기

민저고리 본뜨기를 참조한다. 소매 부분은 그리지 않는다.

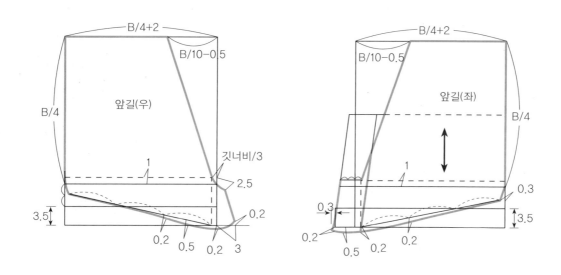

그림 V-15. 저고리 본뜨기

4) 적삼, 원피스

(1) 디자인

그림 V-16. 적삼, 원피스

① 적삼

짧은 저고리의 불편을 덜기 위해 길이를 길게 하고, 당코깃을 응용하여 깃의 곡선미를 살렸다.

② 원피스

형태는 길이가 짧은 자락치마 모양이고, 구성 방법은 서양식 웨이스트 원형을 활용한다. 때와 장소에 따라 단독으로 입거나, 반투명하고 시원한 저고리를 덧입거나 한다. 취향에 따라 허리선 조절이 가능하다.

(2) 재료

원피스는 무늬 없는 감으로서 양장에 쓰이는 비치지 않고 시원한 여름용 옷감이면 모두 가능하다. 저고리는 반투명한 아사, 노방, 모시 등이 좋다.

(3) 본뜨기

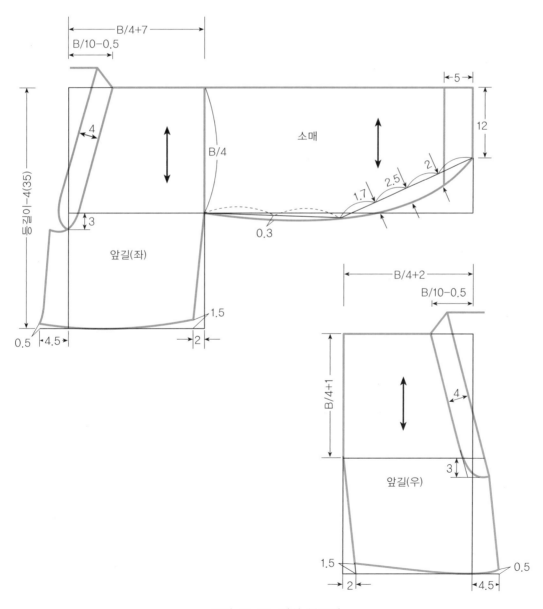

그림 V-17. 적삼 본뜨기

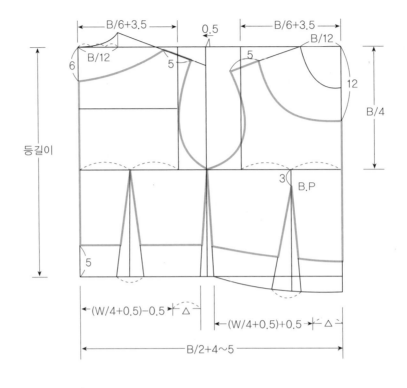

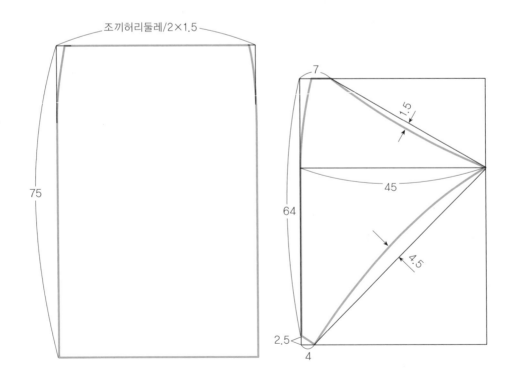

그림 Ⅴ-18. 원피스 본뜨기

5) 저고리, 배자, 통치마

(1) 디자인

한 여름에 시원하고 간편하게 입을 수 있는 평상복이다. 전통 한복의 변화를 좋아하지 않는 층을 위한 것으로, 되도록 변형을 삼가고 개선할 점만 보완한 디자인이다.

그림 Ⅴ-19. 저고리, 배자, 통치마

① 저고리, 배자

저고리는 고름을 달지 않고 매듭단추로 여미는 평범한 모시저고리이다.

반투명한 저고리이므로 배자를 덧입음으로써 속옷이 훤히 비치는 것을 방지할 뿐더러, 약간 긴 듯한 길이로 저고리를 여며주기 때문에 활동에 편리하다.

② 통치마

평범한 모시치마이다. 다리가 비치는 것을 방지하기 위하여 한 자락의 천을 장식겸 늘여 준다. 이 때 모시의 특징을 살려 올을 뽑아 엮어 드론워크를 하면 옷감에 입체적인 명암이 생겨 매우 아름답다.

(2) 재료

여름에 가장 시원하면서 전통미를 살릴 수 있는 모시를 사용한다.

(3) 본뜨기

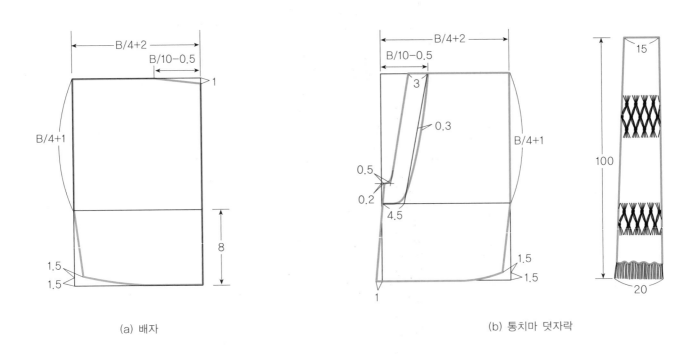

(a) 배자   (b) 통치마 덧자락

그림 V-20. 배자, 통치마 덧자락 본뜨기

2. 예복

1) 간이 두루마기

(1) 디자인

전통적인 두루마기는 품위는 있으나 처음 입는 사람의 경우 치마저고리와 따로 놀고 몸에 붙지 않을 뿐 아니라, 두루마기 고름도 저고리 고름과 마찬가지로 잘 풀어진다. 그러나 치마저고리와 중복되는 깃과 고름을 달지 않은 간이 두루마기는 품위있고 우아하면서 입고 벗기에 간편하다.

그림 Ⅴ-21. 간이두루마기

(2) 재료

전통적인 문양이 있는 양단과 같은 겨울용 두루마기감을 사용한다. 유행에 따라서는 벨벳(빌로드)을 이용하기도 한다.

그림 V-22. 간이두루마기의 형태와 부분명칭

(3) 본뜨기

간이 두루마기의 본을 제도하는 데 필요한 치수는 가슴둘레, 두루마기길이,
화장이다. 맨 위에 입는 겉옷이므로, 속에 입는 저고리나 마고자보다 품, 진동,
화장을 약간 크게 한다(그림 Ⅴ-23 참조). 단 부리는 저고리보다 작게 한다.

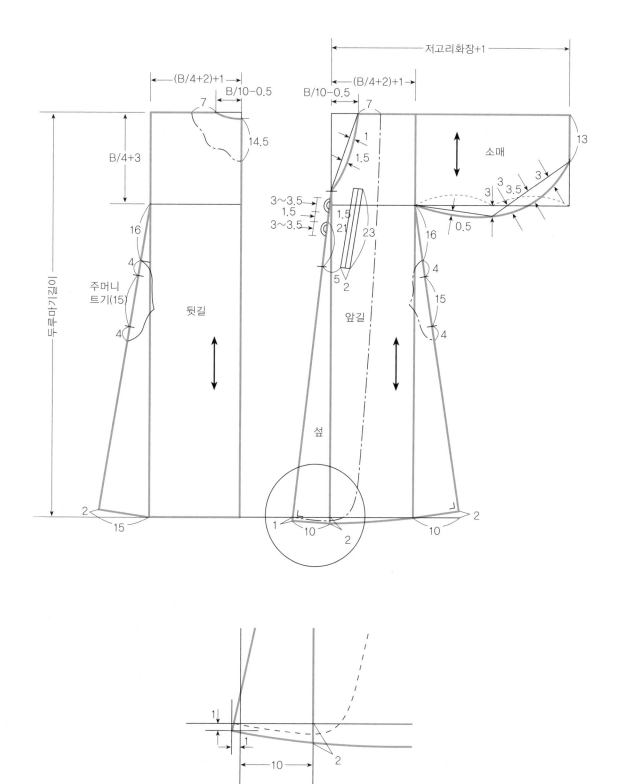

그림 Ⅴ-23. 간이두루마기 본뜨기

(4) 마름질

소맷부리와 밑단에는 단분을 넉넉히 넣어 마름질한다.
안팎을 같은 방법으로 마름질하는데, 안감의 앞길 안단은 마를 필요가 없다.

〈재료〉

● 겉감 : 110cm 너비, (길이+시접)×3=370~380cm
● 안감 : 110cm 너비=370~380cm

〈간이 두루마기 배색〉

| 겉감(겉) | 겉감(안) | 안감(겉) | 안감(안) | 바이어스 |

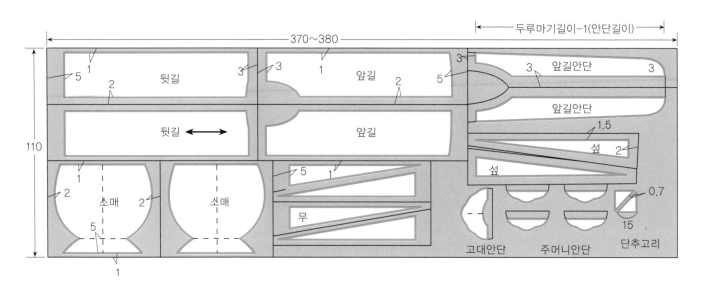

그림 V-24. 간이두루마기 마름질

(5) 바느질

① 어깨솔과 등솔하기

어깨솔과 등솔을 박아, 어깨솔은 뒷길쪽으로 꺾고 등솔은 입어서 오른쪽으로 가도록 꺾는다. 두꺼운 감일 경우에는 가름솔로 한다.

② 섶달기

섶의 어슨올을 길의 섶선에 대고 박아 시접을 길쪽으로 보낸다.

③ 무달기

무의 어슨올을 길에 대고 박아 시접을 길쪽으로 꺾는다. 무의 윗부분은 진동점까지만 박아 되돌아 박기를 하는데, 이 때 무의 어슨올이 늘어나기 쉬우므로, 길을 위에, 무를 밑에 놓고 박는다.

④ 소매달기

소매 중심선을 어깨솔기에 맞추어 시침한 다음, 진동치수만 박고 끝은 되돌아 박는다. 시접은 가름솔로 한다.

⑤ 안만들기

안도 겉과 만들어 안단을 댄다.

㉠ 섶쪽 안단에 바이어스 테이프 처리를 한 다음, 안감 길의 겉에 대고 박는다(그림 Ⅴ-25). 이때 안단의 끝이 두루마기길이 완성선보다 1cm 올라가게 달아야 한다.

㉡ 주머니 안단과 깃고대 안단에 바이어스 테이프를 대서, 주머니 안단은 안감무쪽에 각각에 달고 깃고대 안단은 안감 뒷길 중심 고대부분에 단다(그림 Ⅴ-26).

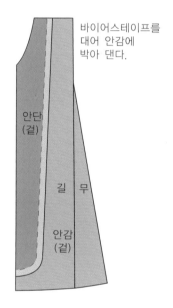

그림 Ⅴ-25. 안감길에 안단대기

그림 Ⅴ-26. 안감에 주머니안단과 고대안단대기

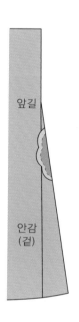

⑥ 안팎붙이기

안감과 겉감을 겉끼리 맞대어 잘 펼쳐 놓고 부리, 깃고대, 앞섶선을 잘 맞추어 시침한 다음에 박는다.

⑦ 배래하기

앞길을 뒷길 사이로 집어넣어 겉감은 겉감끼리, 안감은 안감끼리 마주 닿게 4겹으로 하여 소매의 배래를 박는다.

⑧ 옆선박기

겉감은 겉감끼리, 안감은 안감끼리 옆선을 맞추어, 주머니 아귀를 남기고 박는다. 옆선을 박은 다음 아귀를 정리한다.

⑨ 단처리하기

겉감의 아랫단 끝에 바이어스 테이프를 대는데, 이때 바이어스 천을 당기면서 박아야 아랫단분이 약간 오그라들어 단을 접었을 때 울지 않는다. 안감과 겉감을 잘 맞춘 다음, 겉감의 아랫단을 접고 안감의 아랫단을 접어 넣는다. 안감이 여유있게 접힌 상태에서 겉감보다 2cm 정도 짧게 되도록 하여 속으로 새발뜨기를 한다.

⑩ 마무리하기

겉으로 뒤집어 정리한 다음, 아귀와 부리, 진동의 끝부분은 촘촘하게 버튼홀 스티치(그림 Ⅲ-11 참조)를 하여 튼튼하게 마루리하고 단추를 단다.

2) 반두루마기

(1) 디자인

긴두루마기의 거치장스러움을 막기 위해 길이를 짧게 하고 동정없는 맞깃에
단추로 여미는 방법이다.

그림 Ⅴ-27. 반두루마기

(2) 재료

전통적인 문양이 있는 양단과 같은 겨울용 두루마기감을 사용한다.

(3) 본뜨기

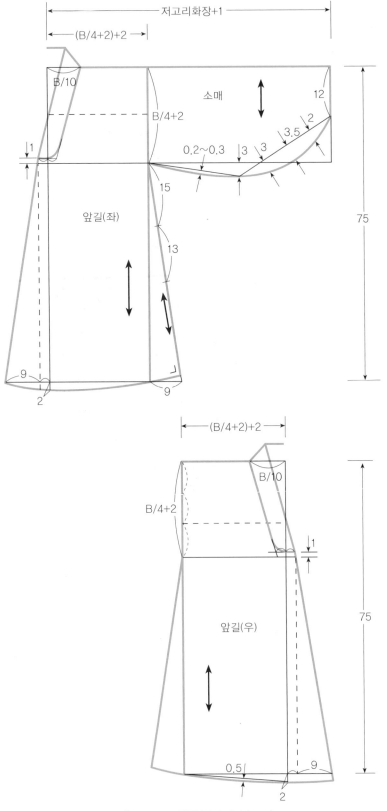

그림 V-28. 반두루마기 본뜨기

3) 긴저고리와 자락치마

(1) 디자인

고정관념을 벗어나서 항상 새로운 것을 요구하는 소비자에게 권할만한 디자인이다. 가슴선에 입는 현대의 치마·저고리의 불편함을 덜기 위해 상고시대부터 조선왕조 초기까지 입었던 허리선에 입는 치마·저고리의 착용법을 활용한다. 치마는 예복의 의미를 살려 아래로 내려갈수록 풍성하게 퍼지는 실루엣으로 만든다.

그림 Ⅴ-29. 긴저고리와 자락치마

(2) 재료

얼음 문양이 어른거리는 노방에 바탕색과 같은색의 불투명한 자수나 그림을 그려 주면 매우 감각적인 느낌이 난다.

(3) 본뜨기

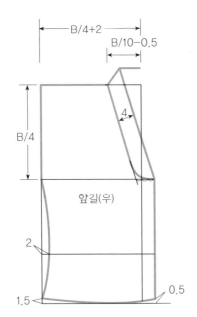
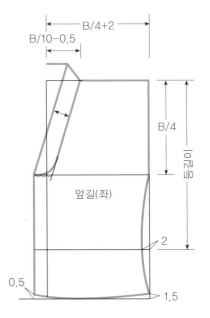

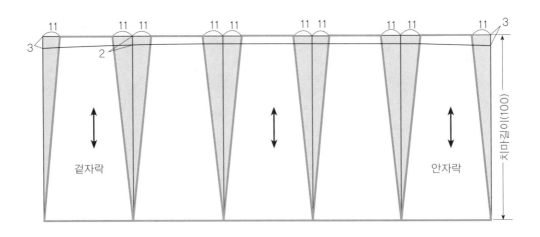

그림 Ⅴ-30. 긴저고리와 자락치마 본뜨기

4) 약혼복

(1) 디자인

결혼예복이 서양화된 지금에도 약혼복에는 분홍 치마저고리를 입는 것이 보통이나, 소비자들은 천편일률적으로 똑같은 약혼복에 싫증을 느끼고 새로운 디자인을 원한다. 그러므로 연분홍 치마·저고리 위에 반비형 원삼을 덧입고, 원삼띠에 폭이 줄줄이 갈라진 치마를 붙여 좀더 아름답고 우아하게 변화를 준 것

그림 Ⅴ-31. 약혼복

이다. 갈라진 치마폭은 걸을 때마다 가볍게 날려 율동적인 미를 나타내주어 수줍은 예비신부를 더욱 돋보이게 해줄 것이다.

반비형 원삼만 벗으면 치마저고리는 평상시에도 입을 수 있다.

(2) 재료

이 디자인은 얼음 문양이 도는 반투명한 노방을 사용함으로써, 포개져서 음영이 생기고 움직일 때마다 옷자락이 가볍게 날려, 선녀 같은 분위기를 살릴 수 있다.

(3) 본뜨기

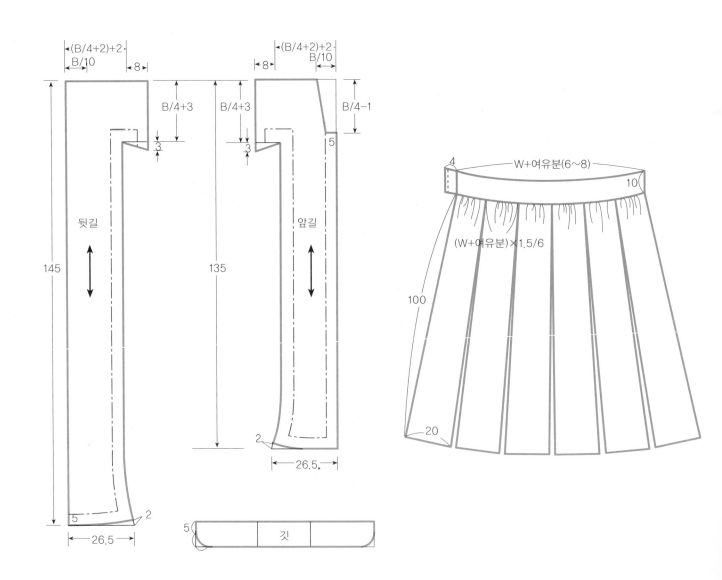

그림 Ⅴ-32. 약혼복 본뜨기

5) 혼례복(1)

(1) 디자인

현대사회는 산업화의 영향으로 서구식 양장이 세계적으로 범람하고, 각국의 민속 의상은 많이 쇠퇴하였다. 우리나라의 경우도 가끔 전통 혼례복을 입고 혼례식을 올리는 일이 있기는 하지만, 대중이 이미 순백색의 서구식 웨딩드레스를 선호하고 있기 때문에 이 점을 감안하여 흰색의 한복 치마저고리를 활용하였다.

그림 V-33. 혼례복(1)

맞섶의 아리랑 저고리에 아코디언 플리트를 풍부하게 잡아 뒤에 길게 드리우는 치마로, 신부의 분위기를 살려 주는 디자인이다. 나비 모양의 고름과 도련, 치마폭 전체에 무지개색 광채나는 흰색 스팽글을 별을 뿌린 것처럼 박아 준다. 머리에는 흰색 구슬줄을 사방에 드리워 구슬줄이 잔잔하게 움직일 때마다 아름다운 신부의 얼굴이 신비스럽게 보인다.

(2) 재료

가볍고 비치면서 열 세팅을 할 수 있는 옷감이 좋으므로 흰색 폴리에스테르 시폰을 사용한다.

(3) 본뜨기

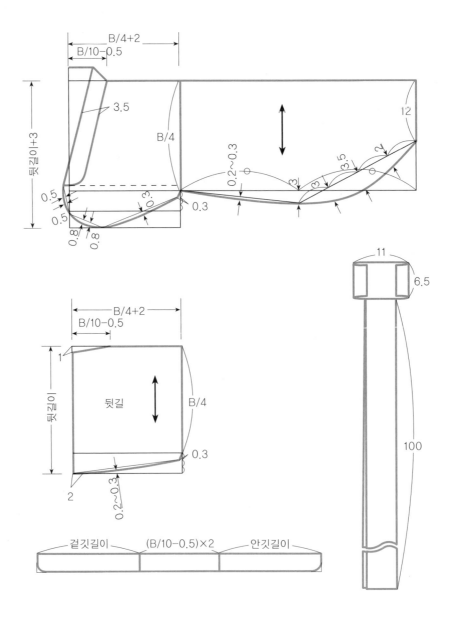

그림 V-34. 혼례복(1) 본뜨기

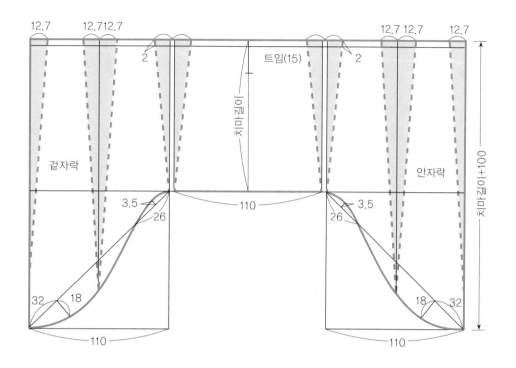

그림 Ⅴ-34. 혼례복(1) 본뜨기

6) 혼례복(2)

(1) 디자인

단순한 흰색 한복은 자칫 초라해 보이기 쉬우므로, 신부가 혼례복을 선택할 때 대부분이 서구식 웨딩드레스를 선택한다. 따라서, 여기서는 이러한 점을 보완하여 품위있고 우아한 멋과 가볍고 신비로운 느낌을 주도록 한 혼례복을 다루었다.

그림 Ⅴ-35. 혼례복(2)

디자인은 흰색 치마저고리 위에 흰색 원삼을 입어, 형태면에서는 옛날 전통을 따랐고, 혼례의 상징인 순결한 백색의 사용은 서양식을 따랐다. 원삼을 벗으면 치마저고리는 평상시에 입을 수 있다.

(2) 재료

불투명한 흰색 노방에 불투명한 흰색 자수나 불투명한 흰색 염료를 사용하여 데이지꽃을 나타내주면 무척 아름답다.

(3) 본뜨기

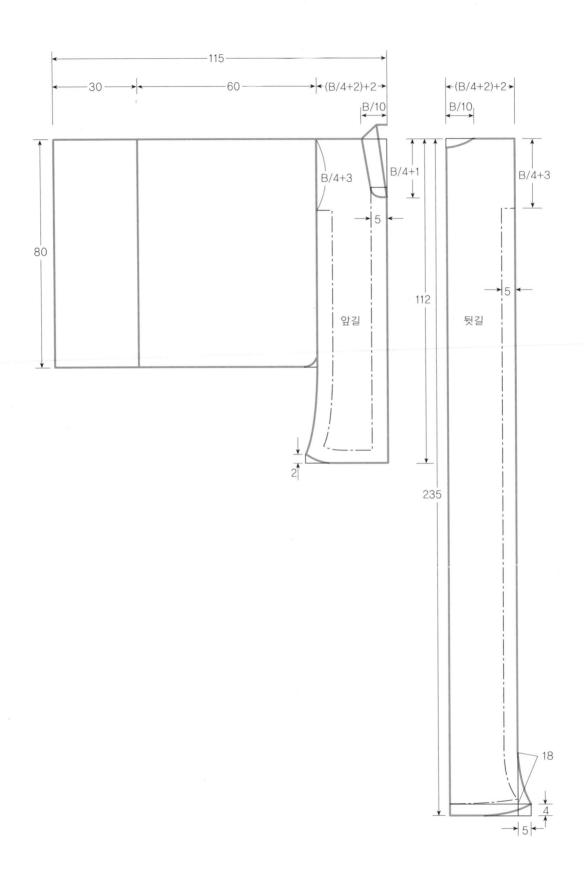

그림 V-36. 혼례복(2) 본뜨기

참고문헌

- 권계순, 우리옷 변천과 재봉, 수학사, 1977.
- 국립중앙박물관, 한국의 미, 통천문화사, 1988.
- 김분옥, 한복생활, 수학사, 1969.
- 김숙당, 조선재봉전서, 활문사서점, 1924.
- 김원룡, 벽화, 동화출판공사, 1974.
- 맹인재, 인물화, 중앙일보사, 1990.
- 박경자외, 한복의복구성, 수학사, 1993.
- 박선영, 박선영 전통한복작품집, 대흥기획, 1993.
- 박영순, 전통한복구성, 신양사, 1993.
- 백영자, 한국복식의 기본구조와 미적 특성, 국제복식학회지 No 1. 일본, 1984.
- 백영자외, 가사, 교학사, 1992.
- 백영자외, 종합실습, 교육부 1종도서, 대한교과서주식회사, 1992.
- 백영자, 한국의 복식, 경춘사, 1993.
- 백영자외, 한국의복, 교육부 1종도서, 대한교과서주식회사, 1993.
- 백영자, 시인처럼 쓰고 싶은 의상학, 2000년 통권 제13권 147호, 현대사회문화연감, 1995.
- 백영자외, 가사, 교학사, 1996.
- 백영자외, 한국의복구성실습, 교육부 1종도서, 대한교과서주식회사, 1997.
- 백영자외, 한국복식의 역사, 경춘사, 2004.
- 유효순, 복식문화사, 신광출판사, 2000.
- 손경자, 전통한복양식, 교문사, 1993.
- 이주원, 한복구성학, 경춘사, 1987.
- 이영숙, 인체지수데이타, Ⅰ, Ⅱ, Ⅲ, Ⅳ, 새봄출판사, 1993.

雪敬 白英子
학력 및 경력
서울대학교 사범대학 가정학과(학사)
서울대학교 대학원(가정학석사)
이화여자대학교 대학원(문학박사)
덕성여자대학 교수 역임
The Unversity of British Columbia(Canada) 객원교수
한국방송통신대학교 자연과학부 학부장, 도서관장 역임
프랑스 ES-MODE PARIS STYLISM 하계강좌 수료
현재
한국방송통신대학교 교수
저서 및 논문
한국복식문화사, 「조선시대의 어가행렬 : 1995년 문화체육부 우수도서선정」 외 20여 권
「가례도감에 나타난 法服(翟衣)에 관한 연구」 "노부의위에 관한 연구"외 20여 편
첨단 매체 개발
Internet Coursewear : '한국복식', "서양복식문화사"
CD롬 개발 ; '한복구성'
창작활동
'88서울올림픽과 '88장애자올림픽 개ㆍ폐회식 공연의상디자인(디자이너 위촉 및 표창)
서울국제무용제 특별초청 참가자품인 '고리'(서울시립무용단) 의상디자인
제10회 동아공예대전 '우리옷' 입상(동아일보사 주최)
미국 목화아가씨(The maid of cotton)초청 패션쇼 작품 출품(8회)
The International Fashion Group Inc of Korea 주최 패션쇼 '채염한복' 출품
수상
한국가상캠퍼스(전국 10개 대학연합) Best Teacher상 수상

崔海律
학력
덕성여자대학교 의상학과(학사)
서울대학교대학원 의류학과(석사)
서울대학교대학원 의류학과(박사)
경력
혜전대학 의상디자인과 강사
상지대학 의상학과 강사
충청대학 의상디자인학과 강사
서라벌대학 전임강사
현재
The Unversity of British Columbia(Canada) 객원교수
논문
조선시대 喪葬禮, 喪禮行列服飾의 상징성에 관한 연구
"몽골 라마교참댄스복식에 관한 연구"
몽골여자복식의 변천에 관한 연구
A Study on the Interrelation between Korean & Mongolian Costumes.
작품활동
한국복식학회, Kosko展 출품
궁중복식연구원, 한국의 전통혼례복식전 출품
'99 강원도 국제관광박람회,
전통복식고증을 위한 컴퓨터일러스트展 "옛 사람들" 15점 전시
국제복식학회 "Dear flower" (한지 응용 한복) 출품
한국 문화 콘텐츠 진흥원, 조선 시대 기녀 복식 50점 디지털 콘텐츠 개발